きちんと知りたい！

# 飛行機メカニズムの基礎知識

**193点の図とイラストでヒコーキのしくみの「なぜ？」がわかる！**

東野和幸 [編著]
Higashino Kazuyuki
室蘭工業大学航空宇宙機システム
研究センター [著]

日刊工業新聞社

# は じ め に

　日常われわれの生活のなかでよく利用している、輸送についてあらためて考えてみると、飛行機、自動車、鉄道、船舶いずれも大きなシステムであり、多くの機能部品（サブシステムという）が組み合わさって目的を達成する仕組みになっています。これには安全に運用するための支援装置も当然含まれます。

　本書では、飛行機に焦点をあてて俯瞰してみることにしましょう。

　飛行機とは、動力つきの航空機をいいます。飛行機は総合的なシステム工学の結晶のひとつです。ここでいうシステムとは、具体的にいうと構造・材料系、誘導制御系、エンジンを含む推進系、空気力学・飛行力学の主要4分野とこれらを支える装置全般です。

　これらはそれぞれの分野ごとに最適化しても総合的なシステムとして組み立てられると、全体では必ずしも最適ではありません。推進系を例にとれば、通常は大推力エンジンは重量がかさむし、燃料もくいます。また、機体が大きくなり空気抵抗も増大します。また、構造強度の安全率を大きくとりすぎると重くなって飛べなくなります。仮に飛行できたとしても燃費が悪く経済性の点でも成立しがたいのです。

　本書では、この主要分野について著者たちの経験や現在進めている実践的な研究開発とさらに最新の情報を取り込みながら執筆しました。原則からはじめ、技術の焦点、システム全体への影響にもふれ、さらにものづくりへのつながりや運用の安全確保の観点からも記述しています。これらに加えて、大きなシステムで起きた過去の事故例などと原因、対策についてもわかりやすく要点をおさえて記述しています。

　日本のようにものづくり立国では、高付加価値かつ厳しい品質要求の代表である航空分野は著しい成長分野でもありますが、世界的には微々たる生産額であり、今後の成長と産業育成への貢献の拡大が大いに期待できます。MRJも現在生みの苦しみに遭遇しているわけですが、これは実際にハードを具体的に実用化までもっていくには現場から学ぶことが多々あることを意味しています。

さらに飛行機を含む航空分野は高速地上間輸送や宇宙への発展性も強く、宇宙空間での環境（高高度、超真空）利用やさらに科学的な探検になる深宇宙探査など技術的に共通化が可能な部分も多く、つながりが強いのです。具体例としては太平洋を4時間程度で飛べる超音速旅客機や宇宙へも行けるスペースプレーンなどの再使用型の飛行機、さらに月や火星への道にもつながります。

　本書は上記の観点から具体的な技術内容の記述の充実化を図りました。

　ものづくり日本を元気にして加速していく原動力になりうる航空分野については次世代の人々にも参加してもらい楽しみながらかつ速やかに進めていきませんか。

　本書を通して各分野の状況をシステムと関係づけながら俯瞰し、実践的、総合的思考や学びが必要という思いをもっていただければと思います。ご理解とともに将来を担う人材が多く育つことを期待しています。

2017年12月末日　東野 和幸

きちんと知りたい！飛行機メカニズムの基礎知識
# CONTENTS

はじめに ................................................................................................ 001

## 第1章
# 飛行機とはなにか

### 1. 飛行機の歴史と概要

**1-1** 飛行機の歴史 ............................................................................ 010

**1-2** 飛行することの意義 .................................................................... 012

**1-3** 飛行機の種類と用途 .................................................................... 014

**1-4** 飛行原理 .................................................................................... 016

**1-5** 飛行システムの構成と要素 ............................................................ 018

**1-6** 安全確保システム ........................................................................ 020

COLUMN **1** 　国産第1号航空機用エンジン　「室0号」 ................................ 022

## 第2章
# 飛行のための空気力の利用とそのメカニズム

### 1. 飛ぶための仕組み

**1-1** 飛行機が飛べるわけ　揚力の活用 .................................................. 024

**1-2** 空気力を活用するための機体形状 .................................................. 026

**003**

| **1-3** | 亜音速流れと超音速流れ | 028 |
| **1-4** | 亜音速と超音速での揚力発生の仕組み | 030 |
| **1-5** | 亜音速と超音速での抗力発生の仕組み | 032 |
| **1-6** | 亜音速で揚力発生に伴う抗力　翼端渦と誘導抗力 | 034 |
| **1-7** | 抗力によって決まる飛行性能と抗力低減技術 | 036 |
| **1-8** | 誘導抗力を低減するもうひとつの方法　ウィングレット | 038 |

## 2. 飛行メカニズム

| **2-1** | 離陸の仕組み | 040 |
| **2-2** | 旋回の仕組み | 042 |
| **2-3** | 姿勢変化運動と姿勢制御　舵面の仕組 | 044 |
| **2-4** | 空気力による姿勢安定（1）　ピッチングの静安定 | 046 |
| **2-5** | 空気力による姿勢安定（2）　ローリングの静安定 | 048 |
| **2-6** | 空気力による姿勢安定（3）　ヨーイングの静安定 | 050 |
| **2-7** | 遷音速流れと音速の壁 | 052 |
| **2-8** | 空気力を調べるための手段　風洞試験と飛行試験 | 054 |
| **2-9** | 航空機設計におけるCFD解析の役割とその重要性 | 056 |

COLUMN **2**　着陸は難しい　さまざまな減速方法 058

## 第3章
# エンジンによる推進力について 3

### 1. ジェットエンジンの種類と構造、特徴

| **1-1** | 推進システムとしてのジェットエンジン | 060 |
| **1-2** | エンジンの種類と推進力の原理 | 062 |

| 1-3 | エンジンの構造と軽量化 | 064 |
| 1-4 | 亜音速飛行と超音速飛行でのエンジンの特徴 | 066 |
| 1-5 | 超音速飛行時のインテークの役割 | 068 |
| 1-6 | 圧縮機、ファン | 070 |
| 1-7 | タービン | 072 |
| 1-8 | アフターバーナー | 074 |
| 1-9 | 燃料タンク | 076 |
| 1-10 | 燃料とその特徴 | 078 |
| 1-11 | 燃焼 | 080 |
| 1-12 | ガスタービンエンジンの冷却構造 | 082 |
| 1-13 | 燃焼器の冷却構造 | 084 |
| 1-14 | 熱遮蔽コーティング | 086 |
| 1-15 | 材料 | 088 |

## 2. 低燃費・高推力化と次世代型エンジン

| 2-1 | システム効率の向上 | 090 |
| 2-2 | 推力制御 | 092 |
| 2-3 | 環境にやさしいエンジン | 094 |
| 2-4 | 安全確保 | 096 |
| 2-5 | スペースプレーン用エンジンへの道 | 098 |

COLUMN 3　航空宇宙機の革新を支えたテストパイロットたち　100

## 第4章
# 機体の構造および材料

### 1. 飛行機にかかる力と機体の構造

| | | |
|---|---|---|
| **1-1** | 機体にかかる力 | 102 |
| **1-2** | 機体の変形 | 104 |
| **1-3** | 機体にかかる力・変形と断面形状の関係 | 106 |
| **1-4** | 翼にかかる力 | 108 |
| **1-5** | 胴体構造 | 110 |
| **1-6** | 主翼の構造 | 112 |
| **1-7** | 尾翼・動翼の構造 | 114 |
| **1-8** | 着陸のための脚構造 | 116 |
| **1-9** | 航空機のタイヤとブレーキ | 118 |

### 2. 機体に使われる材料

| | | |
|---|---|---|
| **2-1** | 軽くて強い材料とは　比強度・比剛性 | 120 |
| **2-2** | 機体構造の劣化と安全性 | 122 |
| **2-3** | 飛行機材料の変遷 | 124 |
| **2-4** | 飛行機で最も使われるアルミニウム合金 | 126 |
| **2-5** | 金属から複合材料へ | 128 |
| **2-6** | これからの飛行機材料 | 130 |
| **2-7** | 飛行機が飛ぶ環境 | 132 |
| **2-8** | 材料を環境から守るには | 134 |

COLUMN **4** 　客室座席の衝撃吸収機構 ⋯⋯ 136

## 第5章
# 自動飛行を実現する制御システム

### 1. 飛行機の動き

**1-1** 自由飛行させるのにはなにが必要か? ……………………… 138

**1-2** 飛行機の運動はどのように定義されるか? …………………… 140

**1-3** 飛行機の運動特性「縦モードと横・方向モード」 ………………… 142

**1-4** 飛行機の運動を変化させる「推進系と舵面」 …………………… 144

### 2. 位置の把握と制御

**2-1** 飛行機の姿勢と位置、速度を把握するには? ………………… 146

**2-2** 飛行機の対気速度と高度を計測するには? …………………… 148

**2-3** 制御系は飛行機をどのように安定化しているか? ……………… 150

**2-4** 飛行機の位置を地上で把握するには? ………………………… 152

**2-5** 超音速飛行と亜音速飛行では、同じ誘導制御系でよいのか? …… 154

COLUMN **5** 　自動飛行コンピューターとパイロット　その操縦の使い分け … 156

## 第6章
# 安全飛行のためのシステムと宇宙への道

### 1. 過去の事故と対策例

**1-1** 安全飛行を脅かすヒューマンエラー ……………………… 158

| **1-2** | 事故事例その1　構造・材料、管制 | 160 |
| **1-3** | 事故事例その2　誘導制御、電気電子関係 | 162 |
| **1-4** | 事故事例その3　構造破壊 | 164 |
| **1-5** | 飛行システムにおける安全確保 | 166 |
| **1-6** | 安全を確保するための航空通信・管制ネットワーク | 168 |

## 2. 未来の飛行機

| **2-1** | ものづくりと航空産業について | 170 |
| **2-2** | 未来の超音速機 | 172 |
| **2-3** | スペースプレーン　宇宙旅行の夢 | 174 |

COLUMN **6**　アロハ航空243便の機体構造剥離事故 　176

索　引 　177
参考文献 　181
執筆者紹介 　182

# 第1章

# 飛行機とはなにか

Concepts of Airplanes

# 1. 飛行機の歴史と概要

## 1-1 飛行機の歴史

飛行機の登場により遠距離移動が可能になり、外国などへも気軽にまた苦労なく行けるようになりました。この飛行機の開発はどのようにして進んでいったのでしょうか？

　アメリカのライト兄弟がライトフライヤー号にて初の動力飛行を成し遂げたのは1903年のことでした。ライト兄弟の飛行機の操縦性は極めて悪く、離着陸のための車輪もなかったのでたちまち時代遅れとなりました。人類初の動力飛行の名誉はアメリカに与えられましたが、初期の航空機の技術発展は主としてヨーロッパで進展しました。1907年～1909年にかけてエルロンによる旋回手法が確立され、ほぼ現代と同様の操縦桿による操縦方法となりました。また、当初は木と布張りの翼で作られていましたが、1910年代に入るとドイツではジュラルミンを採用した金属製航空機が作られるようになりました。

### ◼ 技術革新と長足の進歩

　1920年代には飛行機は郵便輸送や旅客用として広く使われるようになり、アメリカのチャールズ・リンドバーグによる大西洋単独無着陸飛行も実現されました。このころの技術的革新は引き込み脚と高揚力装置（フラップ）の開発です。これにより航空機の高速化は一気に進み、時速700kmを超える機体も現れました。1939年にドイツで作られたハインケルHe 178は世界で初めてジェットエンジンを採用しました。第1次、第2次世界大戦を通じて飛行機の技術は格段に進歩しました。航空機の大型化・高速化・機動性向上のための改良が絶え間なく行われました。

　第2次大戦を終え、20世紀後半には飛行機は大陸間の大量輸送を担う交通機関として活躍するようになりました。1970年代には定員500名を超えるジャンボジェット、ボーイング747やマッハ2でパリ・ロンドンとニューヨークを結ぶコンコルドが就航し、だれもが航空機を日常的に利用できる時代となりました。

　近年目覚ましく進歩している分野は無人での自律飛行と航空機の電動化です。無線を用いた近距離の無人航空機は以前から存在していましたが、衛星回線を用いることで200km以上の長距離を飛行することが可能なグローバルホークなどの無人航空機が1990年代末から登場しました。また、バッテリーの技術革新が進んだことによりエンジンの電動化が進んでいます。2016年にはスイスのソーラー・インパルスが世界で初めて太陽電池駆動による世界一周飛行を達成しました。

# 第1章 飛行機とはなにか

## ⚙ 飛行機の歴史

鳥のように大空を自由に飛行することは人類の長年の悲願だった。19世紀半ばにはドイツ人のオットー・リリエンタールらによりグライダーおよび翼理論に関する技術が飛躍的に進歩したが、自由に任意の場所へ飛行することはできなかった。空を飛んで任意の場所へ移動できる動力飛行が実現したのは石油を燃料とする小型で軽量なガソリンエンジンが登場してからである。これは同時にダイムラーらによる自動車の成立要件ともなっている。

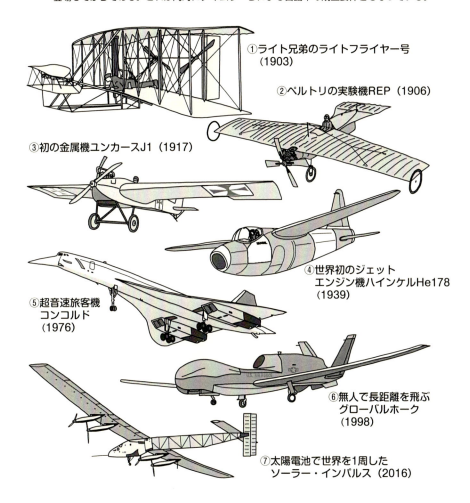

①ライト兄弟のライトフライヤー号（1903）
②ペルトリの実験機REP（1906）
③初の金属機ユンカースJ1（1917）
④世界初のジェットエンジン機ハインケルHe178（1939）
⑤超音速旅客機コンコルド（1976）
⑥無人で長距離を飛ぶグローバルホーク（1998）
⑦太陽電池で世界を1周したソーラー・インパルス（2016）

> **POINT**
> ◎高揚力装置や引き込み脚などの技術革新により高速化が進んだ
> ◎1970年代にはジャンボジェットやコンコルドが登場
> ◎現在は衛星回線を用いた長距離無人機や太陽電池で飛ぶ飛行機が実現

## 飛行することの意義

飛行機の登場によって世界は小さくなったと言われています。飛行機の開発と普及は、われわれにどのような恩恵をもたらしてくれたのでしょうか？

　人類の活動範囲の拡大は、輸送システムの発展と軌を一にしていると言えます。19世紀に鉄道や自動車が次々に実用化され、だれもが遠くまで高速でかつ快適に旅ができるようになりました。ただそのためには、陸上の交通システムを構築するために、ときには山にトンネルを掘り、川に橋をかけ、障害を避けながら道を整備しなければなりませんでした。

　大海原を往く船においても、たとえば地中海と紅海を結ぶスエズ運河や、太平洋とカリブ海を結んでいるパナマ運河の開通に心血を注いだことからわかるように、直線移動とはほど遠い長旅を強いられました。スエズ運河が開通する以前は、ヨーロッパとアジアを行き来するには喜望峰を経由してアフリカ大陸を大回りしなければならなかったのです。一個人が大陸を超えて他国へ行くことは大変な労力をともなったのです。

### ◤飛行機は効率のよい移動手段

　遮るもののない大空を飛び、2点間を一直線に移動することは非常に効率のよい移動方法です。また高高度を飛行することは、地上を走る際の空気抵抗や水上を航海するときの水の摩擦に比べてエネルギーロスが小さいことから、高速での移動が可能となりました。飛行機が本格的に普及する前は気球や飛行船が主役でした。それらは速度や輸送能力、運行の安定性などに難があり、鉄道や自動車と比べ人や物の移動に格段の変化は起きませんでしたが、固定翼と動力装置を有した飛行機の登場によって海を越えた遥か遠くの国や地域がごく身近なものとなりました。言い換えれば、世界を小さくしたのです。

### ◤飛行機は計り知れないメリットを人々にもたらす

　日本は四方を海に囲まれた島国ですから、飛行機の登場による恩恵をとくに強く受けていると言えるでしょう。いまや国民の約7割が人生で1度以上海外旅行を経験するようになっています。また海外からは毎年2,000万人の観光客が訪れています。ライト兄弟の初飛行から100年以上経過し、日進月歩の技術革新によって飛行機の安全性は格段に向上し、また燃費向上も進んでいます。空気中を飛行することによる意義はこのように計り知れないものであると言えます。

第1章 飛行機とはなにか

## 海路、陸路、空路

たとえば、日本からヨーロッパまで行くとなると、海路や陸路では大変！ 空路なら一直線

① 空路　上空の抵抗は小さく、高速で移動できる

② 陸路　路面との摩擦や地上の空気抵抗は大きく、移動は地形に大きく左右される

③ 海路　水の抵抗は大きく、高速で移動できない

- ◎2点間を一直線に結ぶ飛行機は移動時間の大幅な短縮を可能とする
- ◎路面摩擦や地上の空気抵抗に比べ、上空の空気抵抗ロスは小さい
- ◎世界各国から日本に毎年2,000万人ほどが飛行機で訪れている

013

## 飛行機の種類と用途

飛行機の大型化や高速化、技術の進歩は種類や用途などにも大いに反映されていると思われます。どのように進歩・発展してきたのでしょうか？

　黎明期の飛行機はまだ大量輸送ができるほど大型ではなく、主に郵便配達や新聞記事の写真撮影に用いられました。また、軍事用としては偵察機として使われたのが最初です。やがて相手の偵察機を空中で撃ち落とす戦闘機が登場し、飛行機の技術もこれにともなって急速に進歩しました。1930年代に入り徐々に大型の飛行機が生産できるようになると、旅客用や物資輸送、また軍事用としては爆弾を積んで敵地に落とす爆撃機が登場しました。20世紀前半において大量輸送の主役は飛行船でしたが徐々に速度で勝る飛行機にとって代わられるようになりました。

### ◢ 用途や目的に応じて多種多様に

　今日では飛行機の種類と用途はさらに細分化され、特定の目的のために適した大きさや飛行速度、航続距離を有する飛行機が生産されています。まずあげられるのが旅客用の航空機です。主要な路線では乗客数が数百人の大型ジェット機が1日に何十便も飛んでいます。有名なものとしては、ボーイング747があげられます。また、もうじき日本でも就航するエアバス社のA380は最大で800人の乗客を乗せることができます。離島などを結ぶ路線には経済的な数十人乗りのプロペラ機が用いられます。日本のYS-11やスウェーデンのサーブ2000などが有名です。法人で所有されるビジネスジェットは商談や営業活動のため広範な地域を頻繁に移動するためのもので、ある程度高速性が求められるため数人乗りのジェット機が一般的です。ガルフストリームやリアジェットなどがこの分野の名機としてあげられます。また、国土の広いアメリカでは乗用車のように個人で所有するプライベート機も珍しくなく、買い物や通勤などに用いられます。こちらは機体価格や燃費の点で勝るプロペラ機が主流で、セスナやビーチクラフトなどが代表的な機体です。

　軍用では大型で輸送力に優れる輸送機・爆撃機と、これらが安全に飛行できるよう戦線を切り開く戦闘機に大別されます。戦闘機は超音速飛行し、かつ高い機動性を有したものでなければならず、各国の最先端技術が投入されます。敵機のレーダーに発見されにくい形状（ステルス性）であることも重要な要素の1つであり、旅客用の超音速機（コンコルドなど）とは設計思想が異なっています。代表的なものとして米国のF-15やF-22、日本のF-2戦闘機があげられます。

第1章 飛行機とはなにか

## 主な飛行機の種類

開発の途中で設計案が転用される例もある。ジャンボジェットの愛称で知られるボーイング747は本来、軍用の輸送機として開発検討されたものだが、ロッキード社のC-5輸送機に受注競争で敗れたため民間機としての転用を図り、成功した。現在も旅客用として活躍中であることは広く知られているが、本来輸送機として設計されたので、この観点での需要も多く、民間の貨物機としてはエアバスA380の追随を許さない受注数を誇っている。

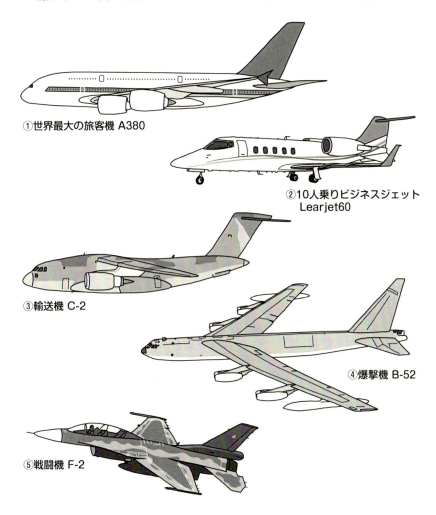

①世界最大の旅客機 A380
②10人乗りビジネスジェット Learjet60
③輸送機 C-2
④爆撃機 B-52
⑤戦闘機 F-2

**POINT**
◎飛行機は最初、郵便配達や写真撮影に使われ、やがて旅客用が登場した
◎現在は旅客機、ビジネスジェット、プライベートジェットなど用途に応じて適切な巡航速度や航続距離の飛行機が作られている

## 飛行原理

飛行機は重力に対抗する力を生み出すことで飛行を可能にしていると考えられます。その力は翼が生み出していると思われますが、どのような原理なのでしょうか？

　ロケットのエンジンは鉛直下向きに燃焼ガスを噴射し、機体にかかる重力以上の「上向きの力」を発生していることはだれにでも理解できる事実です。鳥が羽ばたくときには翼をゆっくりと上げ、下方へ素早く打ち下ろすことで上向きの力を作っています。レオナルド・ダ・ヴィンチは鳥と同じような羽ばたきによる飛行を試みましたがうまくいきませんでした。今日の飛行機はいずれも「羽ばたかない」固定翼式の飛行機です。

### ◢ 上下の圧力差で上向きの力が生じる

　固定翼機のエンジンは重力に直接逆らうのではなく水平方向に力を発生しているだけのように見えますが、浮く力（揚力）はなぜ発生するのでしょうか？　気流の中に物体を置くと、気流の向きや速度は場所によって変化し、物体表面に圧力の高い部分と低い部分ができます。物体の下面にはたらく圧力が上面にはたらく圧力よりも大きくなるようにすると、物体は上下の圧力差で上向きの力を受けることになります。このことを実感するには下敷きや薄い板などを走行する車の窓から出してみるといいでしょう。進行方向前方の辺を少しだけ上げ、後方の辺を少しだけ下げると、下敷きの下面の圧力よりも上面の圧力は低くなり、下敷きは上向きの力を受けることが感じられるはずです。反対に前方の辺を下げて後方の辺を上げると、今度は上面の圧力が下面よりも大きくなり、下向きの力を受けるようになります。

### ◢ 向かい風を受けて安全に離着陸する

　揚力は翼の面積に比例し、また、翼が風を切る速度の二乗に比例します。したがって飛行機の速度そのものよりも、大気との相対的な速度が重要になります。離陸時には向かい風方向に機首を向けると短距離で離陸でき、また着陸時も向かい風方向に進入すると浮く力を失わずに低速で安全に着陸できます。北海道の新千歳空港では滑走路が南北に伸びていますが、夏季は南風の日が多いため北から南へ離着陸することが多く、冬季は北風の日が多いため南から北へ離着陸することが多くなります。ほかの空港でも風向きによって飛行機の離着陸の方向や、使用する滑走路を変えているので、こういったところに着目してみると面白いでしょう。

第1章 飛行機とはなにか

## 飛行機が浮く原理

低速で揚力を増やすには翼の面積を大きくすればよいが、抗力(空気抵抗の力)は速度の二乗で増大する。このため、翼の面積を大きくすると揚力と抗力の両方が増大してしまう。エンジンはスピードが十分について飛行機が浮き上がった後も、抗力に逆らって飛行機の速度を増やし、維持させる役割を果たしている。抗力とエンジン推力が釣り合ったところが最大速度となる。理想的な機体設計は、抗力が小さく揚力が大きい機体である。揚力を抗力で割った値をL/Dと呼び、機体設計をするうえで重要な指標となっている。

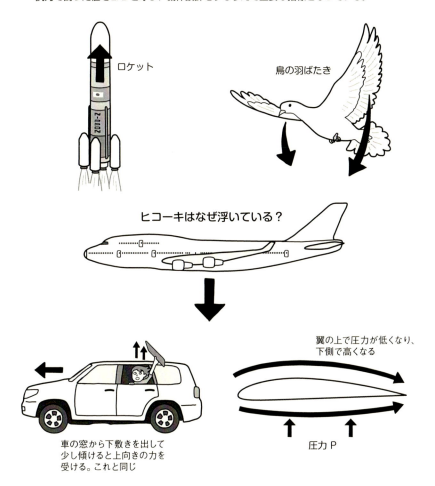

**POINT**
- ◎飛行機が浮く原理は車窓から出した下敷きが上向きの力を受ける原理と同じ
- ◎浮く力は翼面積と速度の二乗に比例して大きくなる
- ◎飛行機は風向きを考えて離着陸の滑走路や進入方向を決めている

## 1-5 飛行システムの構成と要素

飛行機は三次元空間を飛ぶというほかの乗り物とは異なった要素が求められています。それを可能にするためには、どのような技術が必要ですか？

　各種航空技術がほかの技術と顕著に異なる点は、複数の技術が整合性をもって統合されて初めて成立に至るという点です。この統合をシステム化、統合された結果をシステムといいます。航空技術における複数の技術とは、大きな分類では空力、推進、構造、制御の4つの技術です。4つの技術の詳細については後の章に説明を譲るとして、飛行システムにおいては、下記を達成することを目的としています。

空力：想定する飛行速度領域すべてにおいて、高揚力、低抵抗の空力形状を実現
推進：限られた重量で想定動作範囲で最適推力、高効率のエンジンを実現
構造：空力形状を満たしつつ、限られた構造重量で最高強度の構造を実現
制御：空力および構造性能のもと、安定した飛行性能を実現

### ▌飛行システムは要素技術の集大成

　これら4つの技術の整合性とは、各技術のせめぎ合いと譲り合いの結果を指します。たとえば、推進技術の革新によって、フルスロットル時において非常に大きな推力と効率のよいエンジンができたとします。ただし、フルスロットルではない、ほかのスロットル条件だと、低推力にできないとします。この場合、着陸速度が遅くできないことを意味し、速い着陸速度でのタッチダウンに抗して脚の強度を高める、あるいは迎え角を失速限界手前まで可能な限り大きくする、スポイラーを併用するなど、構造および制御技術で対応することが必要になります。もちろん、構造および制御技術で対応できる範囲であればOKなのですが、最先端の飛行システムを構築する場合には、対応できない範囲になることも多々あります。また、旋回半径が非常に小さい飛行システムがシミュレーション上では空力的、制御的に可能であったとしても、荷重倍数が大きくて構造的に耐えられないとか、飛行力学的には性能のよい翼であっても、空力弾性といった舵面振動が起きやすく、制御系に悪影響や困難をもたらすといった、各技術間にわたる問題が発生します（上図）。

　すなわち、ほかの条件を考慮せずに1つの技術だけを極めても統合できなければ、飛行システムとしては成立しないわけです。かといって、各技術が容易にできる範囲に留まるのであれば、最先端も含めて飛行システムとして成立しません。最先端領域も含めて4つの技術が満たされて初めて飛行システムは成立するのです（下図）。

第1章 飛行機とはなにか

## 4技術分野の連成

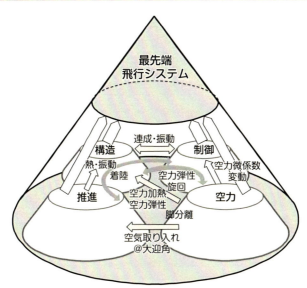

## 4技術分野の技術領域と飛行システムの成立

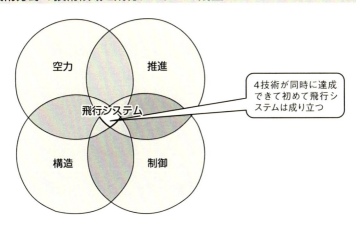

4技術が同時に達成できて初めて飛行システムは成り立つ

**POINT**
◎飛行機は、空力、推進、構造、制御の4つの技術分野それぞれが、ほかの技術分野から課される制約条件を厳しくないものにしつつ最高の性能を出す駆け引きによって実現されている

019

## 安全確保システム

飛行機の場合、ひとたび事故が起きると、大きな被害を招く懸念がままあります。そのような不安を減らす航空システムの安全は、どのように確保されているのですか？

　航空システムとしての安全性は、一言でいえば、航空システムのライフサイクルにおける全段階を通じて、運用効果、時間および費用の制約のもとで事故などのリスクを最小化するとともに許容レベル以下にするエンジニアリング手法により確保されています。このエンジニアリング手法が安全性設計です。一方でシステムにおいては、信頼性という指標も存在します。具体的には信頼性工学に基づいた故障率であり、時間経過を加味すると信頼度という2つの指標があります。

### ■ 事故などのリスクを最小化および許容範囲内にする安全設計

　安全確保は、ハザードを識別、認識したうえでハザードが害を及ぼさないようにした結果、システムとしての故障率が低下するという仕組みになっています。したがって、安全設計・対策とは、致命的なリスクを回避するための特別な措置であり、その結果がシステムとしての信頼性、信頼度という評価に結びついているのです。

　安全設計が対象とするハザードとは、"事故などをもたらす要因が潜在または顕在化する状態"のことであり、爆発、火災、漏洩などです。このようなハザードに対して、安全設計においては、①ハザードの除去、②ハザードを最小、③ハザードを制御する――措置を優先的に実施し、ハードウエア的には、④安全装置、⑤保護装置、⑥警報装置の使用、⑦特別な手順によるハザード制御方法の適用――を行います（図）。

　設計手法としては、①故障許容設計、②リスク最小化設計、③ハザード解析、④リスク評価――です。故障許容設計では、二重の故障、1つの故障と1つの人的過誤など、さまざまなケースにおいて故障などが生じても事故に至らないようにします。冗長化設計は多く使用される手法です（表）。リスク最小化設計では、適切な安全係数などによりリスクを許容レベルまでに最小化します。これは、故障許容設計が適切でない構造、圧力容器関係、材料選定に適用されます。

　ハザード解析では、航空システムに起因するハザードをすべてのライフサイクルにわたり、論理的に識別、評価します。これはハザードの除去および制御が妥当であることを検証するためのものです。

　リスク評価では、ハザードが制御されても残ったリスクを評価し、それが最小化されるとともに合理的に可能な限り小さいことを確認します。

第1章 飛行機とはなにか

## ● リスク評価の流れ

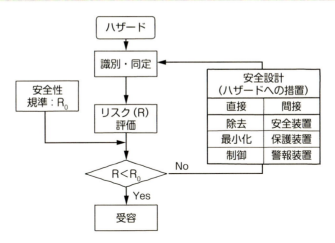

## ● 冗長構成例(フライトコントロールシステム)

| 機　種 | 運用開始時期 | 制御方式 | 操縦舵面や舵面駆動用アクチュエータに用いられる油圧系統の数 |
|---|---|---|---|
| ボーイング747<br>(Boeng 747) | 1970年<br>(初飛行1969年) | 機械的リンケージ | 4系統 |
| エアバスA320<br>(Airbus A320) | 1988年<br>(初飛行1987年) | FBW方式(旅客機としては初めて)。改良型では光ファイバーを使用するFBL(フライ・バイ・ライト)方式を採用<br>二重のFCC+ABUが2セット | |
| | | 通常使用している二重のFCC+ABUシステムが故障した場合は、待機しているもう1つの二重のFCC+ABUシステムで対応 | |
| ボーイング777<br>(Boeng 777) | 1995年<br>(初飛行1994年) | FBW方式(米国旅客機としては初めて)<br>三重のFCC+ABU | 3系統 |
| | | 3つのFCCが故障した場合はABUで対応 | |

機械的リンケージ：パイロットが操作する操縦桿やペダルの動きを、ケーブルやロッドなどを介して直接操縦舵面や舵面を駆動するアクチュエータに伝える機構
FBW：Fly By Wire　FCC：Flight Control Computer　ABU：Analog Back Up

> **POINT**
> ◎ハザードを識別し、安全設計により、それらの除去あるいは最小化あるいは制御を行ったのち、その手法が妥当であるかを検証、それでも残ったリスクを評価して初めて安全性を確保

021

## COLUMN 1

## 国産第1号航空機用エンジン
# 「室0号」

　北海道・室蘭市は道内有数の工業都市で、市内には日本製鋼所などが拠点を構えています。わが国初の航空機用エンジンは、この日本製鋼所室蘭工業所（現・日本製鋼所室蘭製作所）によって産み出されました。1903年（明治36年）12月17日に、ライト兄弟がノースカロライナ州キティホーク近郊にあるキルデビルヒルズにて12馬力のエンジンを搭載したライトフライヤー号によって有人動力飛行を4回、計98秒の飛行に成功してからわずか15年後の1918年（大正7年）のことです。

　このエンジンは、ドイツから輸入した「メルセデス・ダイムラーE6F型」の改良型です。当時の最高技術レベルのエンジンをもとにして製造したものです。水冷直列6気筒（プロペラ直結型）で、最高出力100馬力、重量は約200kgです。1918年に陸軍東京工廠から注文を受け、総計21基生産しました。4時間の耐久試験にも合格しています。しかし、同社は航空機用エンジンの成長を予見できなかったようで、1921年（大正10年）に航空機用エンジンの生産から撤退しました。このまま継続していれば室蘭に航空機用エンジンの拠点ができた可能性があります。この国産航空機用エンジンの試作1号は「室0号」と名づけられました。

「室0号」は、のちに陸軍の複葉機「モールス・ファルマン6型」に搭載され、その役目を果たしています。

　現在は、室蘭製作所の玄関ロビーに展示されており、どなたでも目にすることができます。

# 第2章
## 飛行のための空気力の利用とそのメカニズム

Mechanism and Utilization of Aerodynamic Forces for Flights

## 1. 飛ぶための仕組み

## 1-1 飛行機が飛べるわけ　揚力の活用

飛行機は、周囲の空気流から主翼にはたらく揚力を使って機体を支えたり上昇させたりして飛んでいます。その揚力とはどんな力で、ほかにもどのようなはたらきをしているのでしょうか？

　飛行機はどのような仕組み（メカニズム）で飛ぶのでしょうか？　飛行機の運動の源は、飛行機にはたらく4つの力です。そのあらましは上図のとおりです。まず、地球が飛行機を引っ張る「重力」が、真下向きにはたらきます。次に、推進器（レシプロエンジン・プロペラやジェットエンジン）が飛行機を前進させようとする「推力」があります。さらに、周囲の空気流から上向きに「揚力」が、後ろ向き（風下向き）に「抗力」がはたらきます（このように空気流からはたらく揚力、抗力などの力を総称して「空気力」と呼びます）。

### ■最も重要な力は揚力

　重力は、地表や大気中では、その大きさと向きはほとんど一定であり、これをコントロールすることは不可能です。推力は、飛行機を飛ばすために欠かせないような気がしますが、エンジンの無いグライダーなどの飛行機も存在しますし、エンジンが止まってしまった旅客機が即座に墜落するわけではないこと（たとえば「ハドソン川の奇跡」）からわかるように、飛行機の飛行メカニズムの根本ではありません。飛行機の飛行を支える最も肝心な力は、飛行機を空中に浮かせるための「揚力」です。この揚力は、主に飛行機の主翼（一番大きい翼）にはたらきます。

　一方、飛行機が姿勢を変えたり、維持したりするためには、機体の各部分に局所的にはたらく揚力を利用します。たとえば下図のように水平尾翼についた昇降舵（エレベーター）という舵面を上に曲げると、水平尾翼に下向きの揚力がはたらきます。これにより飛行機は重心周りの回転をして、機尾は下がり機首は上がります。

　さらに、飛行機は姿勢を変えると揚力のはたらき方が変わり、その結果として飛び方が変わります。たとえば、下図の続きとして、飛行機が機首を上げると主翼にはたらく揚力が強くなって飛行機は上昇飛行に転じます。

　このように飛行機は徹頭徹尾周囲の空気流からの空気力を使って自在に飛ぶので、飛行機の機体の周囲で空気流がどのように振る舞うか、そしてその結果として空気流は機体にどのような空気力を及ぼすか、といったことを詳しく調べる必要があります。ライト兄弟が世界初の動力飛行に成功した勝因の1つとして、彼らが多くの実験を行って空気流と空気力をよく調べていた、という事実があげられます。

第2章 飛行のための空気力の利用とそのメカニズム

## 飛行機にはたらく4つの力

水平飛行する飛行機にはたらく力は、地球が引っ張る重力、エンジン・プロペラが機体を前へ押す推力、そして周囲の空気流から主に主翼にはたらく揚力と抗力の4つ。このうち揚力が最も重要である。

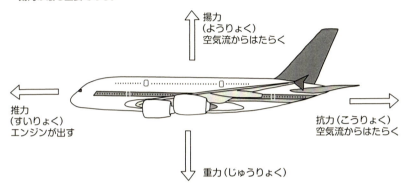

## 機体の各部にはたらく揚力

水平尾翼についている昇降舵（エレベーター）を上に曲げると、水平尾翼に下向きの揚力がはたらく。そのため重心周りに機尾が下がって、機首が上がり、その結果主翼の揚力が増えて、飛行機は上昇飛行に転じる。

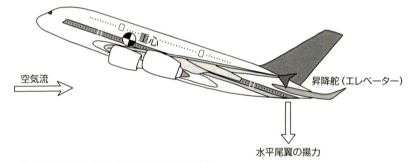

### ハドソン川の奇跡（Miracle on the Hudson）

2009年1月15日午後3時30分頃、ニューヨーク・ラガーディア空港を離陸したUSエアウェイズ1549便（エアバスA320型）は、離陸直後に遭遇したバードストライクにより全エンジンが停止したものの、近くのハドソン川に不時着水して乗客・乗員全員が難を逃れた。市街地に墜落することなく川面に比較的安全に不時着できたのは、パイロットの卓越した判断力・操縦能力と多くの幸運が重なったからだが、その前提条件として、あの巨大な旅客機ですらエンジンの推力を失っても基本的には飛行できること、そもそも飛行機はそういう性能を備えていることが確認された事件だった。2016年には映画化（「ハドソン川の奇跡」監督：クリント・イーストウッド、主演：トム・ハンクス）されている。

**POINT**
◎飛行機が飛ぶために最も重要な力は、周囲の空気流から受ける揚力である
◎飛行機は、主翼にはたらく揚力によって飛んだり上昇したりできる
◎飛行機は、機体各部にはたらく揚力を使って姿勢を変えたり維持したりする

025

## 空気力を活用するための機体形状

旅客機に代表される飛行機は、みな、大体同じような形をしています。その形は、周囲の空気流からの力を的確に活用できる究極の形ということですが、どういうことなのでしょうか？

　ジェット旅客機など現代の大半の飛行機は、主翼、尾翼、胴体、エンジンなどの部位がはっきり区別できる形状をしています。このような飛行機形状を、提唱者であるジョージ・ケーレー卿（英）にちなんで「ケーレー型」と呼びます。機体部位がはっきり区別できるということは、それぞれの機体部位が独立した機能を有している、ということです。たとえば、主翼は機体を支えたり上昇させたりするための揚力の発生と横（ロール）の安定・制御を、水平尾翼は縦（ピッチ）の安定と制御を、垂直尾翼は風見（ヨー）の安定と制御をそれぞれ担っています（ロール、ピッチ、ヨーについては2-3～2-6節を参照）。胴体は主翼・尾翼の位置関係を保持しつつ、積荷や旅客を収納します。エンジンは推力を発生します。このように、機体の各部位の役割をはっきり区別することによって、飛行メカニズムの理解が容易になり、ひいては高性能の飛行機の設計開発が容易になったのです（黎明期の機体は、「ライトフライヤー号」を含めて、現代的には理解困難な形をしていました）。

### ■究極の機体形状

　さて、上の説明に「安定」とか「制御」という言葉が出てきました。詳細は2-3～2-6節で解説しますが、要点だけ言いますと、「安定」とは機体の姿勢が崩れにくく、もし崩れたとしても元に戻る性質が機体に備わっていることです。また「制御」とは、パイロットまたはコンピューターが操縦装置を操作して機体の姿勢を意図的に変えることです。これら安定・制御も、周囲の空気流から主翼・尾翼にはたらく揚力を利用して実現されます。

　旅客機をはじめとする現代の飛行機はみな、中図のように大体同じような形をしていますが、それは実は、揚力をはじめとする空気流からの力（空気力）を的確に利用できる究極の形なのです。

　なお、主翼・尾翼・胴体を融合させた下図のような将来型の飛行機も近年開発されています。このような形の飛行機は、空気力や飛行メカニズムをコンピューターシミュレーションで詳しく調べることができるようになって初めて設計開発できるようになりました。また、安定性を備えていないこともあり、その場合はコンピューター制御によって初めて飛行することができるのです。

第2章 飛行のための空気力の利用とそのメカニズム

## ライトフライヤー号

米国ライト兄弟が開発した飛行機。現代のものとはかなり違った形で、操縦は極めて難しかったといわれている。機体各部位の役割分担があまり理解されていなかったためのようだ。

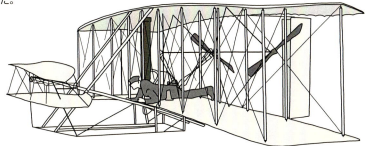

## 現代の飛行機

機体各部位がはっきり区別でき、それぞれの機能が明確化されている。これによって、飛行メカニズムが考えやすくなり、高性能な飛行機の開発が可能となっている。

## 将来型の翼胴融合(blended wing and body)型の飛行機

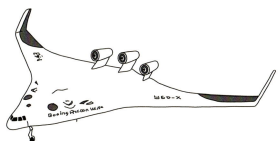

飛行機にはたらく空気力や飛行機の飛行メカニズムをコンピューターで詳しく調べることによって、これまで見たことのないような飛行機が開発可能となっている。

**POINT**
- ◎現代の飛行機は、主翼、尾翼、胴体などの役割分担が明確化されている
- ◎その機体形状は、空気力を活用するための究極の形である
- ◎コンピューターの活用により、斬新な形の飛行機が開発可能になっている

027

## 1-3 亜音速流れと超音速流れ

空気のような圧縮性流体は、流速が音速より遅い（亜音速）のか速い（超音速）のかによって流れの性質が大きく異なると聞いています。それはどうしてですか？

空気のように圧力によって体積が変わる流体を「圧縮性流体」と言います。圧縮性の大小を表す指標は「マッハ数$M$」です。これは流速を音速で割った値です。亜音速流では$M<1$であり、超音速流では$M>1$となります。

空気流中の物体の周りの流れの様子は、亜音速と超音速では上図(a)(b)のように異なります。亜音速流では、流れは物体を避けるように徐々に滑らかに進路を変えますが、超音速流ではあるところで急にくっきりと進路を変えます。

### ◤音速を境に異なる空気流の性質

その仕組みは以下のとおりです。まず、流れが物体表面に到達したとき、物体表面の至る所から圧力波（微小な圧力変化の波）が発します。この圧力波は音波と同じであり、音速で周囲に広がります。この圧力波は「ここにこんな形の物体がある」という情報を伝えるので、圧力波が伝わってきた箇所の空気流は、圧力波の情報を受けて、物体を避けるようにあらかじめ進路を変えます。このような仕組みは亜音速と超音速では共通ですが、圧力波の伝わる範囲は、圧力波と空気流のせめぎ合いによって、亜音速流と超音速流では異なります。亜音速流では、空気流の流速よりも圧力波の伝播速さ（音速）のほうが速いので、圧力波は空気流に多少押し流されつつも空間全体に広がります。その結果、空気流は物体よりずっと上流から物体の存在情報を受け取って徐々に進路を変えることができるのです。超音速流では、音速で上流に伝わろうとする圧力波をそれより速い空気流が押し流すので、圧力波は物体より下流側の空間に押し込められます。この空間の上流側の境目は、上図(c)(d)のように圧力波の出発点を頂点とする円錐となり、「マッハ円錐」や「マッハ波」と呼ばれます。超音速空気流はマッハ円錐・マッハ波にたどり着いて初めて、圧力波つまり物体の存在情報を受けて、急にくっきりと進路を変えることになるのです。

このような亜音速流と超音速流の性質の違いは、管路内の流れでは別の形で現れます。下図のように、水道ホースの噴出口を絞ると噴出速度が増す経験からわかるとおり、亜音速流では流路を狭めると流れが加速しますが、超音速流では全く逆になります。そこで流路をいったん狭めてから広げる「ラバルノズル」を使うと、亜音速流から音速（マッハ1）を経て超音速まで、流れを加速することができるのです。

## 亜音速と超音速における空気流の様子

亜音速流では、物体表面から発する圧力波が全空間に伝播するので、空気流は徐々に進路を変える。超音速流では圧力波はマッハ円錐・マッハ波より後方にしか伝播できないので、空気流は急に進路を変える(流れを膨張させて圧力低下を生むマッハ波を膨張波、圧縮させて圧力上昇を生むのを圧縮波という。圧縮波は集積・合体して一本の「衝撃波」になる)。

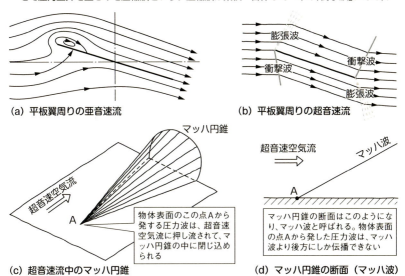

(a) 平板翼周りの亜音速流
(b) 平板翼周りの超音速流
(c) 超音速流中のマッハ円錐
(d) マッハ円錐の断面(マッハ波)

## 収縮流れと拡大流れ

管内の亜音速流は、流路を絞ると加速する。超音速流は逆に流路を広げると加速する。そこで、流速が音速になるまで流路を絞ってから広げると、亜音速から超音速まで連続的に加速できる(ラバルノズル)。

|  | 収縮流れ | 拡大流れ |
|---|---|---|
| 亜音速の場合 | 加速<br>水道ホースの口を絞ると水の噴出速度が上がるのと同じ | 減速 |
| 超音速の場合 | 減速<br>道路幅が狭くなると車の流れが遅くなるのと同じ | 加速<br>道路幅が広がると車の流れが速くなるのと同じ |

亜音速で加速 → 超音速でさらに加速

流路が最も狭くなる「喉部(スロート)」でちょうどマッハ1(音速)

**POINT**
◎ 物体表面から発する圧力波(音波)と空気流のせめぎ合いによって、亜音速と超音速で流れの性質が大きく異なる
◎ 管路流れでは、流路をいったん絞ってから広げると、超音速流が得られる

# 亜音速と超音速での揚力発生の仕組み

翼の腹に浅い角度で空気流を当てたとき、空気流から翼表面にはたらく圧力の分布を合算すると揚力になるとのことですが、亜音速と超音速では揚力のはたらき方は違うのでしょうか？

## ◼ 迎角と流線

　話しを簡単にするために平板でできた翼（平板翼）を考えてみましょう。平板翼の腹に浅い角度で亜音速の空気流が当たるようにすると、周囲の空気流は図1(a)のようになります。このときの空気流と翼のなす角度を「迎角」（「むかえかく」または「げいかく」）と呼びます。また、流れの様子を表す矢印付きの曲線を「流線」と呼びます。前項下図の収縮流れと拡大流れの知識から、亜音速流れでは流線の間隔が狭いほど流速が大きくなります。さらに、流れの基本性質として、流速が大きいほど圧力が下がるので、この平板翼の表面圧力は、図1(b)のように先端付近の上面は低圧、下面は高圧となります。この圧力分布の矢印を全部束ねると図1(c)のようになります。これが揚力です。

　揚力の大きさと迎角の関係は図2(a)のようになり、迎角がおおむね10°までは揚力は迎角に比例します。これより迎角が大きくなると、迎角の増加に対して揚力が却って減る「失速」という現象が発生します。このとき翼上面の流れは図2(b)のように翼表面から剥がれてしまっています。これを流れの「剥離」と呼びます。

## ◼ 揚力は束縛渦の強さに比例

　図1のように揚力が発生しているとき、翼周辺の流速は上面で速く下面で遅いので、全体的に見ると翼の周囲に時計回りの回転流が存在することになります。これを「翼に渦が張り付いている」と解釈して「束縛渦」と呼びます。複雑な数学解析の結果として、翼にはたらく揚力は束縛渦の強さに比例することが知られています。このように渦が付着した飛行物体に揚力がはたらく現象（図3）を「マグナス効果」と呼び、球技における回転型変化球の発生原理はこれです。

　超音速では、マッハ波を通して流れがくっきり曲がることから、図4のような流れになります。前項下図の収縮流れと拡大流れの知識から、上面は高速、下面は低速となって、さらに流れの基本性質から上面は低圧、下面は高圧となって揚力がはたらきます。なお、実際の飛行機の翼は平板翼ではなく、図5のように厚みや反りを有する「翼型（よくがた）」なのですが、揚力の発生メカニズムと性質は平板翼と基本的に同じであり、異なるのは主に剥離・失速の性質です。

第2章 飛行のための空気力の利用とそのメカニズム

## 迎角と揚力発生の関係　図1

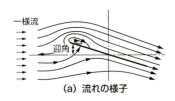

(a) 流れの様子　　(b) 圧力分布　　(c) 揚力

## 揚力係数と迎角の関係　図2

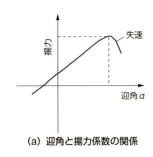

(a) 迎角と揚力係数の関係　　(b) 大迎角での剥離

## マグナス効果　図3

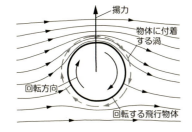

## 超音速域での流れの様子と圧力分布　図4

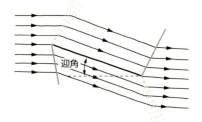

## 翼の断面形(翼型)　図5

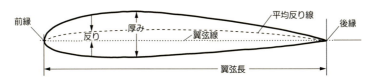

**POINT**
- ◎亜音速で翼に迎角を与えると、先端上面に強い負圧が生じて、揚力となる
- ◎小迎角では迎角と揚力は比例するが、大迎角では揚力を失う(失速)
- ◎超音速では翼面の圧力は均一だが、上面より下面が高圧なので揚力となる

## 1-5 亜音速と超音速での抗力発生の仕組み

亜音速では、空気の粘性（粘り）によって抗力が発生するとのことです。超音速では、粘性のほかに、マッハ波の後流の圧力によって、抗力が発生するとのことですが、どうしてですか？

### ◼ ダランベールのパラドックス

　前項で述べたとおり、亜音速流中の翼周りの流れや圧力分布は前項の図1(a)(b)のようになり、圧力分布の総和は(c)のように流れに垂直な揚力になります。このとき、翼表面の圧力は下流向き成分（抗力成分）をもっています。一方、空気流は翼の前縁（先端）で下面から上面へ回り込んで流れており、これによって前縁に強い負圧による上流向き成分（推進力成分）がはたらきます。これら圧力の抗力成分と前縁の推進力成分がちょうど打ち消し合って、全体として抗力はゼロになります。空気流中の物体の抗力がゼロだなんて、生活感覚ではとても信じられないのですが、「粘性（粘り）の無い亜音速流では抗力はゼロである」ということが理論的に証明されており「ダランベールのパラドックス」と呼ばれます。裏を返せば、実際の空気流中の物体に必ず抗力がはたらく原因は、実際の空気には粘性があるからなのです。粘性によって抗力が発生する仕組みは、摩擦と剥離の2つです。

　粘性とは、流体が物体表面に張り付いたり、流体の塊同士が互いに張り付いたりする性質ですから、上図のように、粘性流れでは物体表面で流速は0となり、物体から離れるに従って流速が大きくなります。このとき、流れは物体表面を引きずるので、物体表面に沿って下流方向への摩擦力が物体へはたらきます。この摩擦力を物体表面全体で合計すると、物体を下流方向へ引きずる「摩擦抗力」になります。

　このとき、中図のように上流よりも下流の圧力が高くなる箇所があると、勢いの無い流れは下流側の圧力に負けて逆流します。そうすると、上流からの流れは逆流に乗り上げて物体表面から離れます。これが「流れの剥離」です。このとき剥がれた箇所の圧力は低くなるので、下流に向けて負圧が発生し、これが抗力となります。

　一方、超音速流では、翼表面の圧力分布は下図のようになり、圧力の下流方向成分が存在しますが、亜音速流のような前縁の負圧がありませんので、これらがそのまま「造波抗力」となります。このように、亜音速に比べて超音速では粘性に関係なく新たな造波抗力がはたらくので、これに打ち勝って超音速飛行するには強力な推進力が必要になります。これが超音速旅客機の実現を阻む1つの要因になっています。

## 第2章 飛行のための空気力の利用とそのメカニズム

### 物体近くの粘性流れ

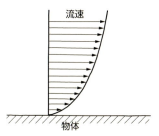

粘性流れでは、物体表面近くに流速が低い領域と流速勾配ができる。

### 流れの剥離

上流より下流の圧力が高いとき、物体表面近くの勢いの無い流れは逆流し、これに乗り上げる形で上流からの流れは剥離する。上流よりも下流の圧力が高くなる箇所は、亜音速流では流路が広がる箇所で、超音速流では逆に流路が詰まる箇所である。

**下流ほど圧力が高いとき**

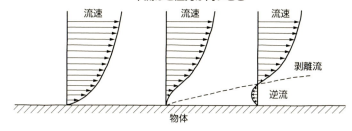

### 超音速流中の翼周りの様子

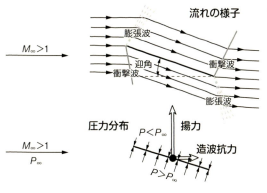

超音速流では、前縁の負圧が無いので、圧力の下流方向成分を相殺できず、これを合算した造波抗力がはたらく。

◎空気流中の物体に抗力がはたらくのは、空気に粘性があるからである
◎粘性による抗力は、大別して、摩擦抗力と、剥離による抗力がある
◎超音速では粘性に関係ない抗力がはたらき、造波抗力と呼ばれる

033

## 1-6 亜音速で揚力発生に伴う抗力　翼端渦と誘導抗力

飛行機の主翼端では、下面から上面へ回り込む渦が発生し、後方へなびくのが見られます。この翼端渦とはどういうもので、飛行機特有の現象なのでしょうか?

　飛行機の主翼は、左右の端（翼端）をもっています。揚力を発している主翼では下面より上面の圧力が低くなっていることと、空気は圧力の高いところから低いところへ向けて流れる性質があることから、翼端では空気が下面から上面へ回り込むように動きます。この空気の動きは周囲の空気を引きずって、上図のような左右一対の渦になって後方へなびきます。この渦を翼端渦といいます。

### ◼ 誘導抗力は飛行機特有の現象

　さて、図をよく見ると、翼端渦によって主翼の付近では吹き下ろしの風が生じていることがわかります。これを、飛行機に乗っている観察者の視点から模式的に描いたのが中図です。飛行機が水平左向きに飛んでいるとき、観察者から見れば左から水平に風が吹いてきます。そこに翼端渦による吹き下ろしが重なるので、主翼周辺の空気流は斜め下向きになります。そして、揚力は空気流に垂直にはたらくので、その方向は真上ではなく少し後ろに傾きます。そうすると、揚力の矢印（ベクトル）を真上成分と水平な後ろ向き成分に分解することができ、さらに飛行機は左へ水平に飛んでいますから、観察者はこの水平成分を抗力の一種と理解します。これが「誘導抗力（induced drag）」であり、ほかでは見られない飛行機特有の現象です。

　この誘導抗力の根本原因は翼の上下面の圧力差であり、これは揚力発生の根源でもありますから、揚力が生ずると漏れなく誘導抗力も発生することになります。この誘導抗力は、複雑な計算の結果として式(1)で表されます。飛行機のいろいろな飛行性能は誘導抗力に支配されているので、誘導抗力をいかに小さくするかが飛行機設計者の腕の見せどころです。それには分母の $e$ と $AR$ を大きくすることが大切です。$e$ とは「翼効率」のことで、翼平面形（上から見た翼の輪郭形状）に応じて0から1の間の値をとり、最大値1をとるのは下図左のような楕円翼です。$AR$ は翼幅を翼弦長で割った値で、縦横比「アスペクト比（aspect ratio）」のことです。グライダーは大きな $AR$ によって誘導抗力を低減し、無推力で長距離・長時間飛行を競っています。また、自然界ではアホウドリやカモメなどの海鳥は、餌（魚群）を求めて毎日何百キロも飛行するなど省エネルギーで長距離を飛ぶ必要性から、突然変異と自然淘汰の結果として大きな $AR$ の翼を獲得しています。

## 翼端渦の発生原理

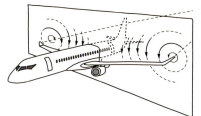

主翼に揚力がはたらくとき、翼の下面より上面が低圧になることから、下面から翼端を回って上面へ空気が動き、これが後方へたなびいて翼端渦を形成する。翼端渦は、英語ではtip vortexまたはtrailing vortexという（trailingは「たなびいている」という意味）。

## 誘導抗力が生じる仕組み

飛行機が水平に飛んでいるとき、翼端渦による吹き下ろしによって飛行機周辺の空気の流れは斜め下向きになる。この流れに垂直に揚力がはたらくので、揚力の後ろ向き成分が生じ、これが誘導抗力となる。

$$誘導抗力の抗力係数\ C_{D,i} = \frac{誘導抗力 D_i}{動圧\frac{1}{2}\rho V^2 \cdot 翼面積 S} = \frac{(揚力係数 C_L)^2}{\pi e A\!R} \quad (1)$$

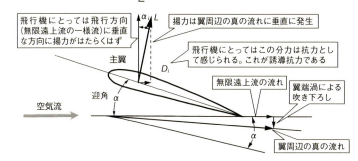

## 誘導抗力を小さくする工夫の見られる飛行体の例

翼効率を最大値1にするための楕円翼（左）、$A\!R$の大きいグライダー（中）、$A\!R$の大きいアホウドリ（右）

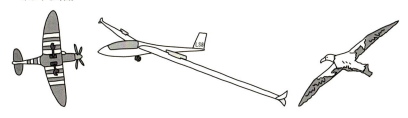

> **POINT**
> ◎飛行機の主翼の両端から、左右一対の翼端渦が発して後ろにたなびく
> ◎翼端渦による吹き下ろしによって揚力が後ろへ傾き、誘導抗力が生ずる
> ◎誘導抗力を減らすためには、主翼を楕円翼にしたり、縦横比を大きくする

035

## 1-7 抗力によって決まる飛行性能と抗力低減技術

飛行機に要求される性能としては、旅客や荷物を高速かつ経済的に遠くへ運ぶ輸送性能が大切です。この性能は主に抗力に支配されていると聞いています。抗力はどうやって減らしているのでしょうか？

　飛行機の飛行速度と抗力およびエンジン推力の関係をグラフに表すと上図のようになります。水平飛行では揚力と重力が釣り合い、推力と抗力が釣り合います。上図左に示す抗力曲線と推力曲線の交点Aが水平飛行状態を表し、点Aの横軸の値が水平飛行速度を表します。ここでエンジンスロットルを上げて推力が破線まで増えたとすると、交点はBに移り、水平飛行速度が増します。

### ◢飛行性能向上と燃費向上の両立は抗力低減がカギ

　力に移動速度を掛けた量がパワーです。飛行機の抗力パワー（抗力×飛行速度）とエンジンパワー（推力×飛行速度）を飛行速度に対してグラフ化したのが上図右です。抗力パワーとエンジンパワーの交点Aが水平飛行状態を表します。点Aより低い飛行速度で飛ぶと、エンジンパワーよりも抗力パワーが小さくなって、パワーの余りが発生します。この余剰パワーが上昇飛行の原動力であり、上昇速度は余剰パワーに比例しています。パイロットが操縦桿を手前に引いて昇降舵（エレベーター）を上げ、水平飛行から上昇飛行に移るとき、飛行速度が下がって余剰パワーを生み出し、これに比例した上昇速度で上昇します。

　このようにして決まる水平飛行速度や上昇速度を大きくするには、エンジン推力およびエンジンパワーを大きくすればよいのですが、そうすると燃費が悪くなり、「遠くまで飛びたい」という航続性能要求が満たされなくなります。飛行速度と燃費（航続性能）を両立させるには、抗力および抗力パワーの曲線を下に下げて交点を右に移すことが有用です。そのような抗力低減は飛行機設計の永遠の課題であり、下図のような各種技術が編み出されてきました。まず、摩擦や剥離による粘性抗力を減らすために、支柱・張線の無い滑らかな流線型の機体形状が実用化されるとともに、摩擦抗力の小さい「層流翼型」が開発されました。遷音速（マッハ1前後）や超音速における造波抗力を減らすために胴体から主翼を斜め後ろに突き出す「後退翼」はジェット旅客機でおなじみです。機体外観からはほとんど見分けがつきませんが、衝撃波の発生を抑えて造波抗力を減らす「超臨界翼型」もジェット旅客機に使われています。また超音速機には、機軸に沿って機体の断面積を滑らかに変化させる「面積則（エリアルール）」が適用され、造波抗力が低減されています。

第2章 飛行のための空気力の利用とそのメカニズム

## ✿ 速度および抗力、推力の関係

抗力曲線と推力曲線の交点Aが水平飛行状態を表す。水平飛行速度を上げるには、スロットルを上げて推力を増やし交点をBに移すほか、抗力を減らして交点をCに移す。

## ✿ 飛行速度に対する抗力パワーとエンジンパワーの関係

エンジンパワーから抗力パワーを引いた余剰パワーにより上昇速度が得られる。抗力を減らせれば、水平飛行速度が上がるだけでなく余剰パワーが増え、上昇速度も大きくなる。

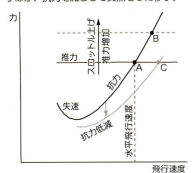

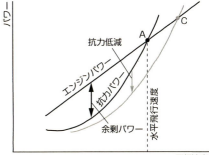

## ✿ 抗力低減のためのいろいろな技術

(a) 支柱・張線の1本1本が主翼1枚相当の粘性抗力を発生するので、これを廃した流線型の機体形状が実用化された (27ページ上図、27ページ中図左参照)。
(b) 迎角の狭い範囲で摩擦抗力を大幅に低減する「層流翼型」が提案された。

(c) マッハ0.85程度の遷音速で飛ぶジェット旅客機では、「後退翼」と「超臨界翼型」で衝撃波を弱め、造波抗力を低減している。超臨界翼型は上面が比較的平らになっており、空気流が超音速から亜音速になるときの衝撃波を弱めて造波抗力を低減できる。

NACA 65 3-018

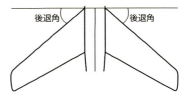

(d) NASAの飛行実験機YF-102はエリアルールに従って左図から右図のように胴体形状を修正して造波抗力を低減し、超音速飛行が可能になった。

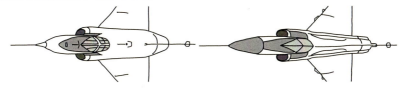

> **POINT**
> ◎飛行機の飛行性能と燃費性能を両立させるには抗力低減が重要
> ◎抗力低減のために、支柱・張線の無い流線型の機体形状が生み出された
> ◎ジェット旅客機では、後退翼、超臨界翼型、などで抗力を低減している

037

## 1-8 誘導抗力を低減するもうひとつの方法　ウィングレット

最近の旅客機では、ウィングレットがよく見受けられます。巷では「ウィングレットは翼端渦を弱めて誘導抗力を減らす」という声を聞きますが、本当のところはどうなのでしょうか？

1-6項で述べたとおり、誘導抗力を小さくするには主翼のアスペクト比を大きくすること、つまり翼幅を大きくすることが有効です。しかし、翼幅の大きい機体は、空港ではまさしく幅をとってしまい、翼端が隣の機体に接触しやすくなるなど、運用上のデメリットが出てきます。そこで、翼幅の大きな主翼の両端を上に曲げることによって、実際の翼幅を減らしながらも誘導抗力低減と機体運用の容易さを両立させているのです。上図をご覧ください。翼端の上に曲がっている部分が「ウィングレット（winglet）」です。

### ◾︎誘導抗力の低減

翼端渦によってウィングレット付近では外側から内側へ吹き込む風が発生し、この風の流れと前方からの高速空気流が重なって、中図のような方向に空気流が吹くようになります。この空気流に垂直な方向に揚力がはたらきますので、揚力の方向は少し前に傾きます。その前向き成分は推進力となって、抗力の一部を打ち消すことになります。このようなメカニズムをもって誘導抗力が低減されていると解釈できます。

### ◾︎翼端渦と束縛渦

一方、翼端渦は実際には下図のように主翼のいろいろな部位から少しずつ後ろに流れ出しています。ここで重要なのは、渦の中心を連ねた曲線（渦糸）は、決して途中で途切れることが無いということです。つまり、翼端渦には必ず主翼に張りついている部分があるのです。これは揚力の源である束縛渦にほかなりません。ですから束縛渦と翼端渦の強さは同じであり、翼端渦を弱めると当然の結果として束縛渦も弱まって揚力が減ってしまうので、元も子もありません。

ウィングレットは翼端渦を弱めるはたらきをするのではなく、翼端渦が主翼のどの位置から流れ出るか、その流出分布をうまく変えることによって誘導抗力を減らしている、ということなのです。これは、翼の平面形状（上から見た形）を楕円形にして翼効率を最大値1にして誘導抗力を低減することと、メカニズムとしては同じなのです。

## MRJのウィングレット（提供：三菱航空機㈱）

## ウィングレット周りの空気流とウィングレットにはたらく揚力

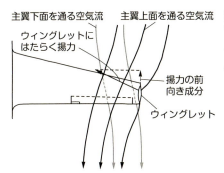

翼端渦によってウィングレットの周囲には内側へ向かう流れが生じ、空気流は太い流線のようになる。これに垂直に揚力がはたらくので、ウィングレットの揚力は前向きの推進力成分をもつ。

## 束縛渦と翼端渦

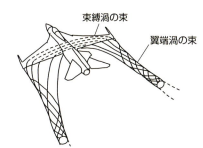

翼に張りついている束縛渦が後ろへ流れ出たのが翼端渦である。その流出分布は、翼の平面形（上から見た形）やウィングレットによって調節でき、それによって誘導抗力を低減できる。

**POINT**
◎飛行機特有の誘導抗力を減らすために主翼にウィングレットが搭載される
◎翼端渦による内向きの流れによってウィングレットに推進力がはたらく
◎主翼から翼端渦が流れ出る分布をウィングレットが変えて誘導抗力を減らす

## 2. 飛行メカニズム

## 離陸の仕組み

金属の塊のような飛行機が飛び立っていく姿を見るのはなんとも圧巻です。その飛行機はどのような仕組みにより離陸していくのでしょうか？

　飛行機において離陸とは、静止状態から加速して所定の高度に達するまでの区間、または巡航形態に移行するまでの経路のことをいい、次の手順で実施されます。

　まず、高揚力装置を離陸で規定された位置に設定するとともに、推力を最大にして滑走路上を走行させます。これにより飛行機は速度が増加し、速度があらかじめ規定された$V_1$に到達する前にエンジンなどの不具合が発生した場合には、ブレーキをかけ、$V_1$の速度に到達してからは離陸を継続します。

### ◼ 低速でも機体を浮上させるために使われる高揚力装置

　この離陸において重要な役割を果たすのが、フラップに代表される高揚力装置です。このフラップは主翼の翼端に組み込まれており、通常はその大部分が翼内に収容されています。離陸および着陸といった速度が比較的遅いときに、フラップは翼端より引き出され、翼面積を拡大することにより揚力を増加させ、低速においてもより大きな揚力を発生させて、機体を浮上させます（上図）。

　次にあらかじめ規定された機首上げ速度$V_R$に到達したら、水平尾翼についているエレベーター（昇降舵）を上向きにすることにより、機体ピッチ軸時計回りのモーメントを発生させて機首を上げていきます（中図）。機首を上げることにより、迎角が大きくなって、さらに揚力が発生します。この機首上げ姿勢を維持しつつ加速を続けると$V_{LOF}$の速度で機体は浮上し上昇を始めます。滑走開始点から機体浮上までの距離が離陸滑走距離$S_O$です。飛行機が離陸安全速度$V_2$に達したところで速度を一定に保ち、地上高400ft（フィート）まで速度一定で上昇を続けます。機体浮上から、速度$V_2$に到達するまでの距離は、経路角を一定に整える遷移距離$S_T$と$V_2$で35ftに到達するまでの上昇距離$S_C$の和となります。この区間で着陸装置を収納します。また、$V_2$とは、$V_1$到達以降にエンジン一基が停止後も滑走を続け、$V_R$で機首引き上げを行い、地上高35ftに到達したときの速度で、なおかつ以後離陸を安全に継続できる速度です。通常失速速度Vsに対して、1.15～1.3Vsの範囲で設定されています。また、35ftというのは、民間輸送機に対して想定する障害物高さです。飛行機は$V_2$後もさらに加速し続け、地上高400ftで高揚力装置を格納し、地上高1,500ftまで上昇を続け、到達後は巡航飛行に移行します（下図）。

## 第2章 飛行のための空気力の利用とそのメカニズム

### 断面から見たフラップ

通常飛行においては、主翼内に格納されている。離陸時には主翼後縁部より引き出される。着陸時にも使用される。

### 離陸姿勢

離陸上昇中は、最大推力であるものの低速であるため、フラップならびに迎え角を大きくして揚力を最大限まで増加、迎え角を大きくするために大きく機首を上げる。

### 離陸プロファイル

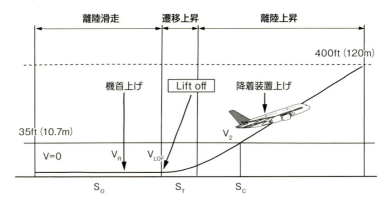

**POINT**
◎離陸は高揚力装置を使って主翼面積を増大させるとともに、機首上げ操作により迎え角を大きくすることにより、低い速度でも大きな揚力を発生させて機体を浮上させる

## 旋回の仕組み

飛行機の基本的な飛び方は、水平飛行、上昇・降下、離着陸、旋回飛行などです。このうちの旋回飛行の仕組みや、操縦の仕方はどうなっているのでしょうか？

　水平飛行中の飛行機では、図(a)のように揚力と重力が釣り合っています。ここでパイロットが操縦桿を左に倒すと、左右の主翼の後縁にあるエルロン（aileron；補助翼）が(b)のように左は上がり右は下がって、左翼の揚力は減り右翼は増えて、機体は左に傾きます。このときの風ベクトル周りの傾き角 $\varphi$ をバンク角といいます。パイロットはバンク角を一定に保つため操縦桿を左右に微調整します。

　このようにしてバンク角を一定に保つとき、揚力は(c)のようになり、その上向き成分は重力より小さいので、このままでは飛行機は降下してしまいます。飛行高度を保つには揚力の上向き成分と重力を釣り合わせる必要があり、それには揚力を大きくすればよいので、パイロットは操縦桿を少し手前へ引き、迎角を少し大きくして、揚力を増やします。その結果(d)のようになります。

### ◢ 荷重倍数は重要な指標

　このとき、揚力の左向き成分が旋回運動（円運動）の源（向心力）となり、左方向へ等速円運動が始まります。このような高度一定つまり水平面内の旋回運動を記述する式は、右ページの式(1)および式(2)となります。

　式(1)から、機体の自重 $W$ の何倍の揚力 $L$ がはたらいているかを表す荷重倍数 $n$ を求めることができます。

$$n = \frac{L}{W} = \frac{1}{\cos\varphi}$$

バンク角 $\varphi$ が30°だと荷重倍数は1.4、60°で2.0、75°だと3.9になります。揚力によって機体が必要以上に変形したり壊れたりしないように機体構造を設計する必要がありますから、荷重倍数は機体構造設計の重要な指標です。たとえば、アクロバット用飛行機は、荷重倍数6に耐え、その1.5倍の荷重倍数9でちょうど壊れるように設計されます（規則としてそのように規定されています）。

　さて、上述のような左旋回の場合、飛行方向は徐々に左へ変わっていきますから、常に飛行方向に機首を向けるように、機首の向きを徐々に左へずらしてゆく必要があります。これは操縦ペダルを踏み込むことによるラダー（方向舵）操作によって実現されます。

第2章 飛行のための空気力の利用とそのメカニズム

## 旋回の仕組み（機体前方から見た様子）

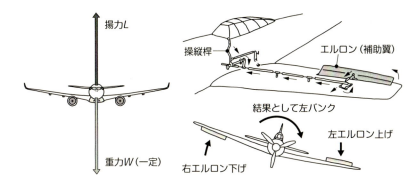

(a) 水平飛行中は揚力と重力が釣り合っている

(b) 左旋回に入るために、パイロットはエルロン操作によって機体を左に傾ける

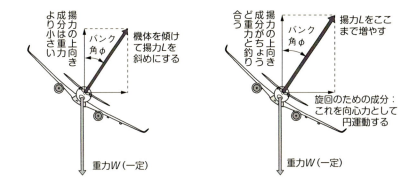

(c) 機体を傾けただけでは機体を支える力が不足して降下してしまう

(d) 揚力を増やしてその上向き成分と重力を釣り合わせると、高度一定で旋回できる

上下方向の力の釣り合い： $L\cos\phi - W = 0$ 　　(1)

等速円運動の運動方程式： $L\sin\phi = m\dfrac{V^2}{r}$ 　　(2)

◎旋回するためには、主翼後縁のエルロンを操作して、機体を傾ける
◎そのとき揚力の水平成分によって等速円運動する
◎旋回中高度を一定に保つために揚力を増やす必要がある

## 2-3 姿勢変化運動と姿勢制御　舵面の仕組み

飛行機が自由自在に飛ぶためには、意のままに操縦できなければなりません。それを可能にするための姿勢運動とそれをもたらすモーメントはどのように規定されているのでしょうか？

### ■飛行機には右手直交の座標系が設定される

　飛行機は三次元空間を飛行するのみならず、回転も行います。これが姿勢変化です。この姿勢変化を検出して、元に戻すようにモーメントを発生させるわけです。機首方向や主翼方向などを基準にして姿勢変化を表す、あるいは姿勢変化を及ぼす物理量が決められます。

　飛行機には座標系が設定されています。通常、重心位置を原点として、機首方向をX軸、飛行方向右手をY軸として、右手直交座標系を形成するようにZ軸方向が定められています。Z軸は飛行機が水平飛行をしている場合は、下向きが正となります。この座標系を機体固定座標系といい、これにより各種姿勢運動を規定することが可能となります。

　X軸、Y軸、Z軸それぞれの軸周りの回転運動により姿勢が変化します。ほかの2軸の回転運動がないと仮定すると、X軸周りの回転運動による回転角を、ロール角といいます。またピッチ軸周りの回転運動による回転角はピッチ角、ヨー軸周りの回転運動による回転角は、ヨー角と称されます。実際の回転運動は、必ずしも1つの軸だけで発生せず、通常2、3軸が同時に回転を発生させています。これを規定しているのが後述するオイラー角です。

### ■モーメントは舵の操作によって発生する

　次に各軸のモーメントは、主翼についているエルロン（補助翼）、水平尾翼についているエレベーター（昇降舵）、垂直尾翼についているラダー（方向舵）と称される舵面によって発生します。通常ローリングについては、エルロンを使用します。右翼エルロンを上げて揚力を減少させるとともに、同じ量だけ逆向きに左翼エルロンを下げることによりX軸周りに正のモーメントを発生させます。このときのエルロン方向を正としています。Y軸周りのモーメントについては、エレベーターにより発生させます。この場合、エレベーターが下げになる方向が正で、負のピッチングモーメントが発生します。さらに、Z軸周りのモーメントは、垂直尾翼のラダーにより発生させます。後方から見てラダーが左になる方向が正で、負のモーメントが発生します（図参照）。

044

## 座標系と舵面によるモーメントの発生

X軸、Y軸、Z軸それぞれの軸周りの回転運動を、ローリング、ピッチング、ヨーイングといい、それらの軸周りに作用するモーメントを、ローリングモーメント、ピッチングモーメント、ヨーイングモーメントといい、L、M、Nで表される。また、それぞれの軸の周りに発生する角速度については、P、Q、Rと表される。

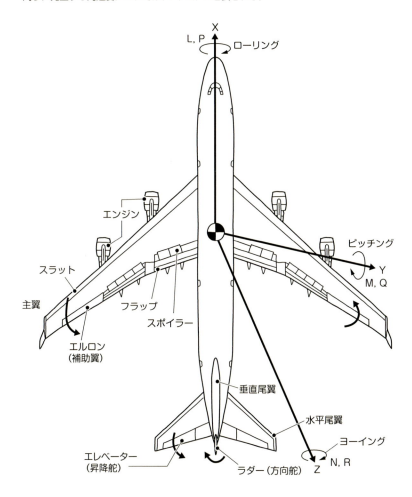

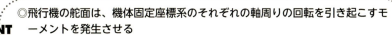

◎飛行機の舵面は、機体固定座標系のそれぞれの軸周りの回転を引き起こすモーメントを発生させる
◎このモーメントを用いてロール角、ピッチ角、ヨー角の大きさを制御する

## 2-4 空気力による姿勢安定(1) ピッチングの静安定

機体の左右を軸にして上下方向に回転するピッチングに対して、どのようにして機体を安定させ、またその姿勢を維持しているのでしょうか？

飛行機の運動は、前後方向、左右方向、上下方向の3つの並進運動と、ピッチ角、ロール角、ヨー角の3つの回転運動により規定されています。このうち、後者の回転は姿勢を規定するものであり、飛行機が安定して飛行するために最低限確保していなければなりません。すなわち、飛行している飛行機は安定した姿勢を保つことにより、飛行機を前方に押し出す力（推力）で得た速度によって、揚力を生み出し、機体を宙に浮かせているのです。

### ■乱れた姿勢を元の方向に戻す力とモーメント

姿勢運動を維持するために重要なのが、姿勢を元に戻すようにモーメントが発生することと、そのモーメントで元の姿勢に戻すことです。前者は静安定、後者は動安定と称され、通常制御系によって達成しています。ピッチ軸周り、ロール軸周り、ヨー軸周りの3つの静安定があります。ピッチング周りの静安定のうち、飛行機の運動にかかわる各種静安定の中で最も基本的かつ重要なものは、迎角に関する静安定です。この特性を左右するのは飛行機の重心の位置です。

釣り合い状態の飛行機の迎角の変化に対して、ピッチ軸周りのモーメントを表す無次元空力微係数は$C_{m\alpha}$です。$C_{m\alpha}>0$とは迎角の増分に対してモーメントが正であることを意味しています。すなわち機首上げによって迎角が増大すると、機首上げがさらに増大する方向にモーメントがはたらくことを意味します。するとさらに迎角が増大します。これは、元の姿勢に戻す方向ではないので、不安定です。$C_{m\alpha}<0$の場合は、迎角の増分に対してモーメントが負であることを意味しています。すなわち、機首上げによって迎角が増大すると、モーメントが負ですので、機首下げの方向にモーメントがはたらきます。逆に迎角の減少に対しては、モーメントが正となります。これは迎え角を増大させる方向にはたらきます。すなわち、ある一定の迎え角を保つ方向に働き、これは静安定があるといいます。

この$C_{m\alpha}$はさらに$C_{m\alpha}=C_{L\alpha}(h-h_n)$で表されます。hは主翼の前縁から測った重心までの位置、$h_n$は全機空力中心です。$C_{L\alpha}$は迎角に対する揚力傾斜で、正です。よって、全機空力中心が重心より後方にあれば、$C_{m\alpha}<0$となり、復元モーメントがはたらいて安定となります（下図参照）。

第2章 飛行のための空気力の利用とそのメカニズム

## ⚙ 重心と全機空力中心との関係

主翼全体から発生する揚力は1箇所に作用したとして扱える。これが主翼空力中心である。尾翼についても同様である。これら主翼、尾翼より発生した揚力が機体の1箇所に作用したとして扱う点が全機空力中心である。この全機空力中心と重心の位置関係が重要である。

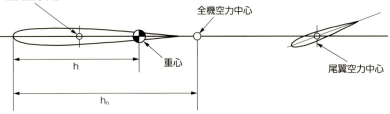

## ⚙ 主翼・尾翼揚力、全機揚力と重心の関係

通常航空機においては全機空力中心が重心により後ろにあり、ピッチ軸周りの静安定を確保している。迎え角の増大によって全機の揚力が増大するが、重心より後ろに全機空力中心がある場合には、機首下げのモーメントが、重心より前にある場合には、機首上げのモーメントが発生する。

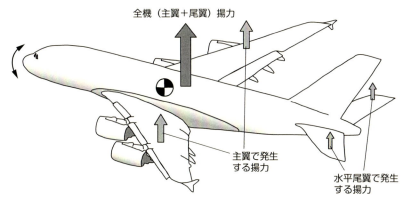

> **POINT**
> ◎全機空力中心が重心より後方にあれば、$C_{m\alpha}<0$ であるため、迎角が増加しても減少されるようにモーメントがはたらく
> ◎通常の飛行機は、このようにしてピッチ軸周りの静安定を確保している

047

## 2-5 空気力による姿勢安定(2) ローリングの静安定

機体の前後を軸にして回転しようとするローリングに対して、どのようにして機体を安定させ、その姿勢を維持し続けているのでしょうか？

### ◾ ローリングモーメントが負なら静安定

飛行機の運動において横滑り、ロール角速度、ヨー角速度が発生したときに、ロール軸周りにモーメントが発生します。通常機体がロールしただけでは、それ自身にはロールを回復するモーメントは発生しません。ロールすることにより傾いた方向に横滑りを始めます。このとき、上反角および後退角によりロールを止める向きにモーメントが発生します。

上反角があると、上図左のような横滑りが発生した場合、右翼には吹き上げの風が加わり、迎角が増加して揚力が増します。左翼には、吹き下げの風が加わり、迎角が減少することで揚力が少なくなります。したがって、右翼からのモーメントは増加し、左翼からのモーメントが減少して、機体としてはロール軸周りに負のモーメント、すなわち、ロールを止める向きにモーメントが発生します。

### ◾ 翼にあたる気流速度の違いがモーメントを発生

後退角のある主翼では、横滑り角が発生することにより、上図右下のように左右の翼の翼断面方向から当たる風の速度が異なってきます。これにより、左右の翼に発生する揚力に差が発生し、最終的に負のモーメントが発生します。

次にロール角速度が発生することによっても負のローリングモーメントが発生します。これも前述の上反角、後退角と同様に、正のロール角速度が発生した場合、左右の翼における迎角を考えます。右翼は迎角が増加して揚力も増加、左翼は迎角が減少して揚力も減少、これによりロール軸周りに負のモーメントが発生します（下図左）。

最後にヨー角速度の発生も、ロール軸周りにモーメントを発生させます。これに寄与するのが主翼と垂直尾翼です。主翼においては、右翼に当たる気流の速度が減少することにより揚力が減少、左翼では逆に気流の速度が増加することによって揚力が増加し、これにより正のモーメントが、垂直尾翼においてはヨー角速度によって、迎え角が増加することによりY軸方向に力が発生、作用点がZ軸原点から負の方向にあるとすれば、正のモーメントが発生し、最終的に正のモーメントが発生することとなります。

第2章 飛行のための空気力の利用とそのメカニズム

## ⚙ 上反角によるローリングモーメント(左・右上)と後退角によるローリングモーメント

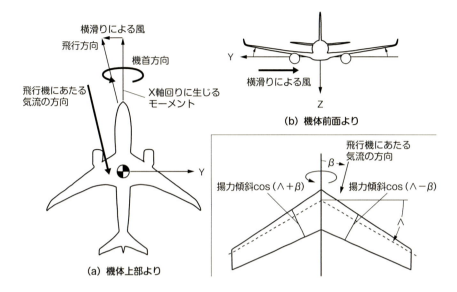

## ⚙ ロール角速度によるローリングモーメント　⚙ ヨー角速度によるローリングモーメント

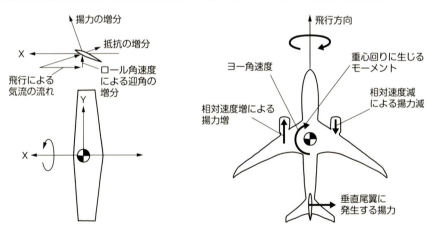

> **POINT**
> ◎横滑り、上反角、後退角、ロール角速度に対しては静安定があり、ヨー角速度に対しては静安定はない
> ◎回転運動によって左右の主翼に発生する揚力、抗力の差が静安定を決める

049

## 空気力による姿勢安定（3） ヨーイングの静安定

機体の上下を軸にして水平方向に回転するヨーイングに対して、どのようにして安定した姿勢を保ち、また、静安定を確保しているのでしょうか？

### ◾ヨー軸周りのモーメントは主翼、胴体、垂直尾翼に発生する力で決まる

　横滑り、ロール角速度、ヨー角速度が発生したとき、Y軸方向に力が生じてZ軸周りにモーメントが発生します。Y軸方向の力を発生させるのは主として胴体と垂直尾翼であり、主翼は力を発生させていません。垂直尾翼の面積は主翼と比較して小さいですが重心からの距離があることから、モーメントは大きくなります。胴体は翼の形はしていませんが、ある程度の力を発生させます。

　横滑りが発生したときは、垂直尾翼に対する気流の迎角が大きくなります。これにより揚力が増加、Z軸周りのモーメントとなります。このモーメントは横滑りがなくなる方向に作用するので、静安定があります（上図）。

　エルロンによるロール角が変化したとき、あるいはロール角速度が発生したときにヨーイングモーメントが発生します。前者において右ロールさせる場合、右エルロンを上げ、左エルロンを下げます。これにより右翼の揚力が減少、同時に抵抗も減少します。左翼では逆に揚力が増加し、同時に抵抗も増加します。右翼ではX軸方向の揚力減少分と比較して抵抗成分の減少が小さいので、X軸方向に対しては正の力が、左翼ではX軸方向の揚力増に対して抵抗成分の増加が大きいので、X軸方向に対しては負の力が働きます。これによりZ軸周りに対して負のモーメントとなります（中図）。後者において正のロール角速度が発生した場合、右翼は迎角の増加により揚力が増え、左翼では迎角の減少により揚力が減ります。ただし、ロール角変化の場合とは異なり、右翼では揚力のX軸方向成分の増加に対して抵抗成分の増加が小さいためX軸方向に対しては正の力が、左翼では揚力のX軸方向成分の減少に対して抵抗成分の減少が小さいためX軸方向に対しては負の力が発生し、Z軸周りには負のモーメントが発生します。

### ◾ヨー角速度が発生すると、ヨーイングは減少に向かう

　ヨー角速度が発生したときには、ヨーイングの運動を減衰させる方向にモーメントが発生します。これは左右の主翼のうち、相対速度が大きくなる翼の抵抗が大きくなり、相対速度を小さくする方向にはたらくこと、垂直尾翼においては迎角が増加することにより増える揚力が回転を止める方向に作用するためです（下図）。

第2章 飛行のための空気力の利用とそのメカニズム

## ☼ 横滑りに対する風見安定

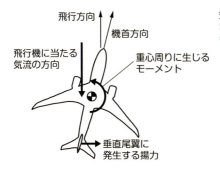

気流の方向と機首方向を一致させる性質なため風見安定とも呼ばれる。

## ☼ ローリングに対するヨーイングモーメント

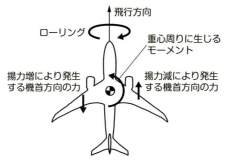

これらローリングによるヨーイングモーメントは、ローリングの発生した方向と逆方向に発生し、アドバースヨーイングモーメントと呼ばれている。

## ☼ ヨー角速度に対するヨーイングモーメント

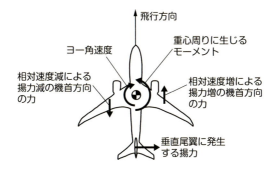

**POINT**
◎横滑りに対してはヨーイングモーメント正、ローリングに関してはローリング方向と逆方向のヨーイングモーメント、ヨー角速度に対しても回転運動と逆方向のヨーイングモーメントがはたらいて、運動に対する静安定を確保

051

## 遷音速流れと音速の壁

音速度域と亜音速度域では飛行条件などが異なるそうですが、飛行機が音速を突破する際、空気力学的にはどのような現象が起こるのでしょうか？

　飛行機の飛行マッハ数がおよそ0.8から1.2の範囲（飛行速度が音の速さの0.8倍から1.2倍）の領域を遷音速と呼んでいます。飛行マッハ数が0.8を超えたあたりから、機体周囲に局所的に超音速の領域が存在してきます。さらにマッハ数が上がっていくと、衝撃波と呼ばれる不連続な波が機体前方に発生してきます。この衝撃波は、機体に造波抵抗を生じさせて機体の空気抵抗を増大させてしまい、音速付近での加速を難しくします。かつてはこの造波抵抗のために音速突破ができなかったので、『音の壁』が存在すると言われていました。

### ◤超音速飛行を可能にするための機体形状

　いったんこの音の壁を突破してさらに加速していくと、機体に作用する抗力は減少していきます。造波抵抗を軽減させる方法として、先端が尖った細長胴体の機体にして、主翼に後退角をつけた形状にすることがあげられます。機体胴体と主翼の形状は、理論的にはSears Haack Bodyと呼ばれる断面積分布に従った形状にすると、機体抗力が最小になるとされています。この法則はエリアルールと呼ばれており、それを適用した機種の1つがF-102です。開発当初（その当時の呼称はYF-102）は、遷音速時の造波抵抗が大きくて音速突破はできませんでした。しかしその後エリアルールを取り入れた機体形状にすることで、空気抵抗を大幅に低減させることができ、エンジン推力を増強したこともあって、超音速飛行が可能となりました。

　このように超音速飛行は、音の壁とエンジン推力との戦いでもあります。

### ◤遷音速領域の空力評価は理論解析も風洞試験も困難

　遷音速流れには、流れ場に衝撃波のような不連続な波や、機体の抗力係数が急上昇したりするなど、空気力学上の現象が非線形的に変化するところでもあります。遷音速領域における航空機の空力性能の予測は、理論解析が極めて困難なため、性能評価には風洞試験が欠かせません。遷音速風洞は遷音速領域での風洞試験を行うための風洞ですが、測定部の壁面には抽気孔が数多く開けられています。遷音速流で風洞試験を行うと、風洞供試体から衝撃波が発生してそれが壁面で反射した後、再び供試体と干渉してしまいます。こうなると実際の現象とは異なる結果となるので、衝撃波の反射を防ぐために抽気孔を設けているのです。

第2章 飛行のための空気力の利用とそのメカニズム

## 亜音速(左)、音速時(中)、超音速時(右)の飛行機の周りの空気の波の挙動

音は空気中を音速で伝播していくが、飛行機が音速に到達すると音波は機体よりも前方に伝播することができなくなる(中図)。飛行機が超音速で飛行すると、音の伝播よりも機体のほうが先に移動することにより、衝撃波が発生する(右図)。

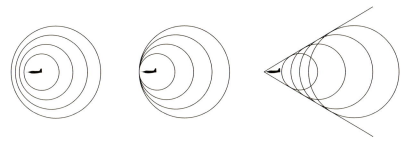

## 遷音速風洞の概念図

世界初の超音速飛行は、1947年のチャック・イエーガー大尉が操縦するベルX-1による飛行である。ベルX-1はエタノール燃料と、液体酸素を搭載したロケットエンジンで飛行した。この当時は、音速突破できるだけの大推力のジェットエンジンがなかったため、ロケットエンジンで加速した。

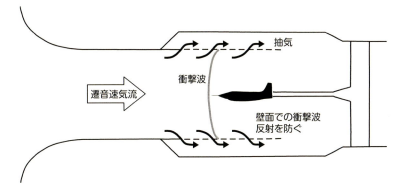

**POINT**
◎超音速飛行は、遷音速造波抵抗とエンジン推力とのせめぎ合いの場でもある
◎遷音速風洞は遷音速領域での空力試験に欠かすことができず、風洞測定部壁面に抽気孔を設けるなど、ほかの風洞では見られない工夫を施す必要がある

053

## 2-8 空気力を調べるための手段　風洞試験と飛行試験

設計された飛行機が本当に期待どおりの性能を発揮できるのかどうかを検証するために、風洞試験と飛行試験が綿密に実施されるとのことです。これらは飛行機開発では絶対に欠かせない重要なプロセスなのでしょうか？

　飛行機の機体形状は、空気力をうまく引き出すために、膨大な経験に基づいて設計されますが、設計された形状が本当に期待どおりの性能を発揮できるのかどうかは、ありとあらゆる方法を使って検証する必要があります。その手法として最も重要なのは「風洞試験」、略して「風試」です。ライト兄弟が動力飛行機の開発に成功した最大の要因は、同時代のほかの飛行機開発者と違って綿密に風洞試験を実施していたからです。これは、地上で機体の縮小模型を空気流に晒して、模型の周りの空気流の様子を観察したり、模型にはたらく空気力を計測したりする試験です。

### ◼ 風洞試験を繰り返して機体の性能向上を図る

　風洞には、空気流の生成方法によって、閉じた回廊に電動ファンで空気流を生成する「回流式風洞」、高圧タンクから空気を吹き出す「吹き出し式風洞」、大気を真空タンクに吸い込む「吸い込み式風洞」などがあります。機体の周りの流れを観察するにはいろいろな方法があり、低速風試で煙を流して流線を可視化するスモーク法や、遷音速・超音速・極超音速風試で陽炎の原理を用いて密度分布を明暗または色で表示するシュリーレン法などが代表的です。機体模型にはたらく空気力を測るには「内挿天秤」が使われます。これは、機体模型を支えるために金属棒（スティング）を模型に突き刺すのですが、その棒の先端と模型の間に比較的変形しやすい部品（天秤）を設置し、空気力による天秤の変形を電気信号として検出する、というものです。このような機材と手法を駆使して綿密かつ膨大な風洞試験を実施し、その結果に応じて機体形状を修正します。

　一方、風洞流れの空間は非常に狭いことから、風洞の空気流は実際の飛行とは微妙に異なり、計測される空気力も実際の飛行とは微妙に異なります。つまり、飛行機の性能を正確に知るには、結局は実際に大空を飛んでみる必要があるのです。そこで、飛行機開発では試験機体を何機も製造し、実際に空を飛びながら速度・加速度・姿勢などの飛行状態を計測する「飛行試験」が綿密に実施されます。MRJなどの新型旅客機の初飛行は大変華々しいのですが、これも飛行試験の一部であり、機体内外に搭載された各種計測装置によって飛行状態を綿密に計測しています。その結果に応じて機体形状を修正して初めて実用機体になるのです。

第2章 飛行のための空気力の利用とそのメカニズム

### ✪ JAXAの回流式大型低速風洞の全体構成（左）と計測部（右）　（提供：JAXA）

地上で高速空気流を発生させる「風洞（ふうどう）wind tunnel」を用いると、空気流の観察や空気力の計測ができる。

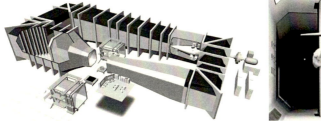

### ✪ スモーク法で可視化された亜音速流れ

細い煙を等間隔で流すと、空気の流れる経路すなわち流線が見えるようになる。

出典：日本機械学会編『写真集 流れ』（丸善、1984）、P.73、「134 後縁失速-迎え角15°」

### ✪ シュリーレン法で可視化された遷音速流れ

空気密度が大きいほど光の伝播速度が小さくなることから、密度変化のあるマッハ波や衝撃波のところで光が屈折する。これを明暗や色変化として表示する。

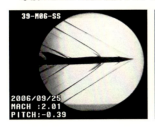
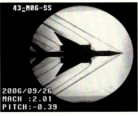

©室蘭工大・航空宇宙機システム研究センター

> **POINT**
> ◎設計された飛行機が期待どおりの性能を発揮するかどうかは、風洞試験と飛行試験で綿密に調べられる
> ◎試験結果に応じて機体形状を修正することによって、実用機体になる

055

## 2-9 航空機設計におけるCFD解析の役割とその重要性

航空機周りの流れ場をシミュレーションし、空力特性の予測や航空機設計にも活用されるCFD（計算流体力学）とは、どのようなものでしょうか？

CFDとは、Computational Fluid Dynamicsの頭文字をとった用語です。CFDでは、連続的な流れ場をメッシュ（網目）に区切って、飛び飛びの格子点上の状態だけを取り扱います。これを離散化といい、CFDは離散化された空間で流れ場を近似的にシミュレーションする技法です。航空機が一定の速度で飛行し、周囲の流れ場が定常とみなせる場合には、流れ場の状態を表す微分方程式は大規模な連立一次元方程式として表すことができるようになります。これを解いて得られた結果によって流れ場の状態を知ることができます（上図）。計算機は、巨大な連立方程式を解くことを大の得意としており、CFDの威力はここで発揮されます。

### ■限られた計算資源を有効に使う工夫

流れ場のシミュレーションの際には、メッシュを細かくするほど計算の精度が上がりますが、三次元の空間を扱う計算では、格子点間隔を2分の1にすると全体の格子点数は8倍になるというように計算量が指数関数的に増加します。ですから、闇雲にメッシュを細かくしても計算時間が膨大となってしまいます。逆に格子点間隔を粗くすると計算誤差が大きくなり、所望の精度が得られなくなってしまいます。実際のCFDでは、格子間隔をこれ以上小さくしても計算結果に実用的な差が現れなくなる（格子依存性がなくなる）条件を探しながらメッシュを貼る作業が行われます。また、気体の粘性の影響が大きく現れる機体表面付近のメッシュのみを細かくし、機体から離れるに従ってメッシュを粗くして格子点数の爆発的増加を抑制する技法が用いられます（下図）。このように、限られた計算資源を有効に使いながら、CFDを活用する工夫がなされています。

### ■万能ではないが、航空機設計にも活用される極めて有用なツール

CFDで航空機周りの流れ場をシミュレーションすることによって、その機体の空力特性を明らかにすることができます。しかし一方で、空間や時間を離散化することにより、現実には現れないはずの粘性（数値粘性）が生じます。乱流もシミュレーションすることが難しい現象です。そのため、CFDは粘性や乱流に起因する抗力や剥離を扱うことが苦手です。CFDによって得られた結果が本当に正しいかどうかは、風洞試験の結果と比較検討するなどして、常にチェックする必要があります。

第2章 飛行のための空気力の利用とそのメカニズム

● CFDによるシミュレーションで得られた計算結果の例（機体表面の圧力分布）

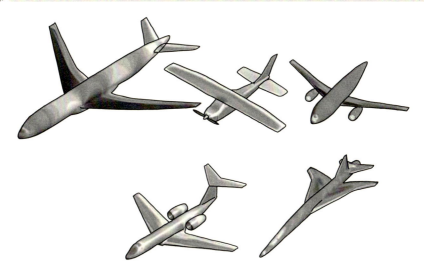

● 機体表面など、流れ場の状態変化が大きい領域のメッシュのみを細かくする技法の例

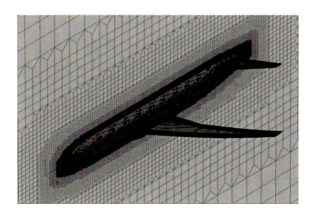

**POINT**
◎CFDによって航空機周囲の流れ場をシミュレーションすることが可能
◎近年の計算機の性能向上とともにCFDも飛躍的な発展を遂げている
◎CFDは現代の航空機設計には欠かせない重要なツール

057

# COLUMN 2

## 着陸は難しい
# さまざまな減速方法

　航空機の操縦で最も難しいのは着陸です。航空機のブレーキは車と同じような ディスクブレーキ（自動車のディスクブレーキは飛行機から派生しました）ですが、時速200kmを超える着陸速度からブレーキのみで制動すると摩擦熱でディスクローター（ハブに取り付けられ、タイヤと一緒に回る金属製などの円盤）やブレーキキャリパー（制動機構）は大変な高温となってしまいます。いち早く耐熱性に優れたCCコンポジット製のディスクローターを採用したりしていますが、それでも十分というわけにはいきません。

　そこで、航空機ではさまざまな方法を併用して減速しています。まず接地と同時に主翼のスポイラーと呼ばれる板が立ち上がり、大きな空気抵抗で減速します。次いでスラストリバーサーと呼ばれる装置が起動します。これは「逆噴射装置」とも呼ばれますが、決してジェットエンジンの羽根を逆回転しているわけではありません（飛行機は一般にバックできません）。ジェットエンジンの排気を前方に反射する板が引き起こされる仕掛けになっています。ボーイングの旅客機ではジェットエンジンのカバー（ナセル）が少し後ろにずれるだけで見にくいのですが、A320では花びら状に開くタイプのリバーサーですから遠くからでも見やすいかもしれません。

　スポイラーやスラストリバーサーのもう一つの利点は、「空気」に反作用を与えることから、路面が凍結していても決してスリップしないことです。冬の北海道などでは航空機が滑って滑走路外へオーバーランすることがままありますが、時速200kmという超高速でスリップしたらそれこそ大変ですよね。スポイラーやスラストリバーサーで十分に減速してからブレーキを使うことで、スリップ事故のリスクを減らすようにしています。F-4やF-2など、一部の戦闘機ではドラッグシュートというパラシュートを装備しています。このパラシュートでスポイラーと同様大きな空気抵抗を発生させることで、制動距離を短くしています。

# 第3章

# エンジンによる推進力について

Powerful Thrust with Engines

## 1. ジェットエンジンの種類と構造、特徴

## 1-1 推進システムとしてのジェットエンジン

飛行機のエンジンにはジェットエンジンとレシプロエンジンがあるとのことです。レシプロは自動車エンジンと基本的に同じようですが、ジェットはどのようにして推力を発生させているのですか？

　航空機用エンジンにはさまざまな種類があり、なかには初めて音速を突破したベルX-1やマッハ6.7まで飛行したノースアメリカンX-15など、ロケットエンジンを搭載した機体もあります。これらは別として、現在使用されている飛行機のエンジンには、ガスタービン機関を利用したジェットエンジンやレシプロエンジンなどがあり、空気中の酸素を使って燃料を燃焼して推進力を得ています。これらエンジンを総称して空気吸い込み式エンジン（Air-Breathing Engine）と呼んでいます。

### ◤ジェットエンジンの熱サイクル

　ジェットエンジンは、熱力学的にはブレイトンサイクルと呼ばれるサイクルで作動しています。上図は、熱力学の教科書にも登場するブレイトンサイクルのPV線図で、図中に状態1から5まで表記されています。下図はターボジェットエンジンの概念図で、エンジン各部に上の図の状態1～5に対応した箇所を示しています。

　状態1から状態2までは、圧縮機で空気を取り込んで、その圧力を昇圧させている過程です。状態1→2の過程の線と、縦の圧力軸との間に挟まれた面積（上図中で斜線の網で示した領域）が、圧縮機で必要とされる仕事です。

### ◤推力の発生メカニズム

　ジェットエンジンでは前方のインテーク（空気取り入れ口）から空気を取り込み、ノズルから噴射ガスを噴射しており、この流入してくる空気の運動量とノズルから噴射されるガスの運動量の差が推力になります。運動量というのは物体の質量と速度の積で表された物理量で、ニュートンの運動方程式より運動量の時間変化が力に等しくなります。エンジンの推力を詳細に評価するには、ノズルの作動状態やノズルからの噴射ガスに含まれる燃料流量の影響も加味する必要がありますが、ジェットエンジンの推力はエンジンに流出入する空気やガスの運動量差で求めることができます。両者の運動量の差がエンジン推力に等しいということは、ノズルから噴射されるガスの噴射速度と飛行速度の差に、空気流量を掛けた積に等しくなります。

　　（推力）＝（空気流量）×（噴射ガス速度−飛行速度）

　この関係からノズルからの噴射ガス速度は、航空機の飛行速度より大きくなくてはなりません。

060

## 理想的なブレイトン(Brayton)サイクルのPV線図

PV線図のPは圧力(Pressure)を、Vは比容積(specific Volume)を意味している。状態1→2で空気が圧縮されると、圧力の上昇に応じて空気の温度も上昇し、もし理想的に圧縮されたと仮定すると、断熱圧縮過程と呼ばれる過程になる。

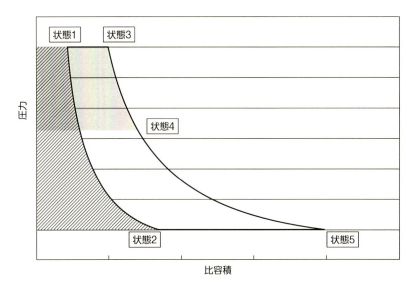

## ターボジェットエンジンの概念図

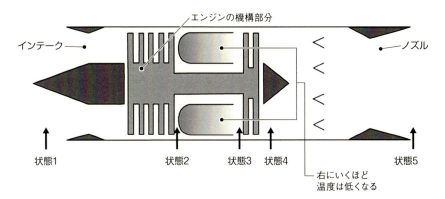

**POINT**
- ジェットエンジンはブレイトンサイクルで作動している
- ジェットエンジンの推力は、エンジンに流出入する空気やガスの運動量差で求めることができる

## エンジンの種類と推進力の原理

ジェットエンジンでもほかの機関と同様、経済性が求められています。ジェットエンジンの推力を効率よく増強するには、どのような方法がありますか？

　ジェットエンジンの推力を大きくするには、空気流量を増やすか噴射ガス速度を高めるしか方法はありません。しかし噴射ガス速度を速くすると、燃料消費量が増加して推進効率は低下します。一方、空気流量を増やすには、圧縮機・ファンのサイズを大きくすることが求められます。しかし単純に圧縮機・ファンを大きくすれば、それ以外のエンジン要素のサイズも大きくすることになり、重量も増加します。

　空気流量は圧縮機の直径の二乗、つまり入口断面積に比例しますが、エンジン重量は二乗三乗の法則により、圧縮機直径の三乗に比例すると考えられます。これは、エンジンの直径が2倍になると推力は4倍になるものの、重量は8倍になることを意味しています。

### ◤推力向上と経済性を重視したターボファンジェットエンジン

　エンジン重量の増加を抑えつつ空気流量を増やす方式として、ターボファンジェットエンジンがあります。圧縮機の前方に大型のファンを置いて、ファンで取り込んだ空気の一部だけを高圧圧縮機に流して、残りはエンジンの外側にバイパスさせるエンジンで、現在のジェットエンジンの主流となっています。これに対し圧縮機で取り込んだ空気をすべて燃焼器、タービンを通過させるジェットエンジンをターボジェットエンジンと呼んでいます。

　ターボファンジェットエンジンで、ファンで取り込んだ空気流量のうち、高圧圧縮機を経由しないでそのまま噴射されるバイパス流量と、高圧圧縮機に取り込まれるコア部空気流量の比をバイパス比と呼んでいます。バイパス比が大きいほど、少ない燃料消費量で大推力が期待できます。現在の民間機用ターボファンジェットエンジンのバイパス比は10近くまで上がっています。

### ◤低速域での効率を重視したターボプロップエンジン

　これら以外にターボプロップエンジンがあります。ターボプロップでは、ターボファンジェットのファンをプロペラに置き換えて、それをさらにギアを介して駆動させています。ターボファンジェットにはファンを覆うケーシングが見られますが、ターボプロップにはそれがありません。外見は異なりますが本質的にはターボファンジェットエンジンと似通っており、バイパス比をさらに大きくしたものです。

## ジェットエンジンの種類

推進効率とはエンジンが成す仕事のうち、飛行機を推進させる仕事に使われた割合を指すもので、以下のような関係がある。
　　(推進効率)＝2×(飛行速度)/(噴射ガス速度＋飛行速度)
初期のジェットエンジンはすべてターボジェットエンジンだったが、民間航空機の需要が増してきたころから、経済性や環境問題を考慮してターボファンジェットエンジンが登場してきた。ターボプロップエンジンは低速飛行においてとくに効率が優れている。

(a) ターボジェットエンジン

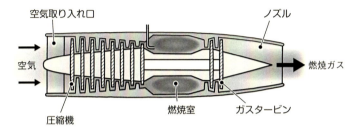

(b) ターボファンジェットエンジン

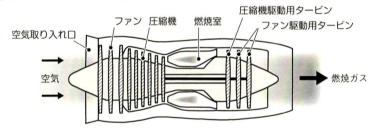

(c) ターボプロップエンジン

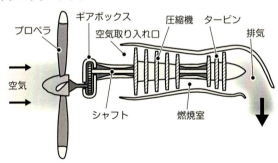

**POINT**
◎ジェットエンジンの効率を上げるため、ファンで取り込んだ気流の一部をバイパスさせるターボファンジェットエンジンが開発された
◎バイパス比が大きいほど、燃費は向上する

## エンジンの構造と軽量化

圧縮機・タービンブレードの材料には、どのような材料が選択されるのでしょうか？ またブレードを設計するうえで重要な要素にはどのようなものがありますか？

　作動中のジェットエンジンで最も過酷な荷重がかかっているのは、圧縮機およびタービンブレード（翼）です。ブレード設計で留意すべき点として、①回転遠心力による応力、②熱応力（とくにタービン）、③ブレードの固有振動数、があげられます。通常、金属材料には応力とひずみが線形的に変化する弾性領域と、弾性領域を超えた塑性領域があり、弾性領域を超えるとひずみは元に戻らなくなります。これを降伏現象といいます。実際の設計では0.2%のひずみが残留する応力（これを0.2%耐力と呼ぶ）をもって許容応力とする場合が多いです。

### ◼ 回転遠心力と熱負荷は圧縮機・タービンブレード材料の選択の重要要素

　圧縮機・タービンのブレードに作用する力は回転遠心力によって発生しており、その応力が最も大きくなるのは、ブレードのハブ（根本部）です。もしブレードがハブからチップ（先端）まで、ブレード断面積が一定でかつ垂直に立っていたら、ブレードハブ部での応力は、回転周速度の二乗に比例し、ブレードの材料の密度に比例します。

　超々ジュラルミン（A7075）やチタン合金Ti-6Al-4Vなどは、比強度に優れているため航空機材料に多用されています。材料の比強度は温度にも大きく依存し、Ti-6Al-4Vは常温では優れた比強度をもっていますが、高温になると急激に低下します。

　熱負荷が大きいタービンブレードの材料には、ニッケル合金が用いられます。高温に曝された場合、しばしば熱応力が問題になります。エンジン部品は一様に加熱されるのではなく、局所的に加熱されます。金属材料は加熱されると体積が膨張しますが、局所的に加熱されると高温部と低温部で体積の膨張差によるひずみが生じ、応力を発生させます。熱応力は意外と大きく、場合によっては部品の破壊につながります。エンジンの設計には作動時の加熱状態とそれによる部品の熱膨張を予想して、熱膨張を吸収できる構造を設計することが重要になっています。

### ◼ ブレードはエンジン回転数と共振しないように設計

　遠心力以外にも、エンジン回転数の変動による加振力や空気の流れによる流体力によっても振動は発生します。ブレードの振動が拡大すると、最悪の場合は破損に至ります。ブレードの肉厚を調節して共振による破壊を避けるよう設計しています。

第3章 エンジンによる推進力について

## コンピューターによる圧縮機インペラの構造強度解析（上）、固有振動数解析（下）の例

ブレード材料を選択するうえで重要になるのは比強度というパラメータで、許容応力と材料の密度の比を指す。

(比強度)＝(許容応力)/(密度)

圧縮機やタービンのブレードは、形状に応じて固有振動数をもっている。もしエンジンの回転数がブレードの固有振動数と共振するようになると、ブレードの振動が拡大して最悪の場合は破損に至る。そのためエンジンの設計回転数がブレードの固有振動数と共振しないように、ブレードの肉厚を調節して設計を行っている。

回転遠心力による
応力解析の例

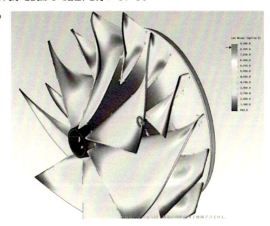

固有振動解析の例

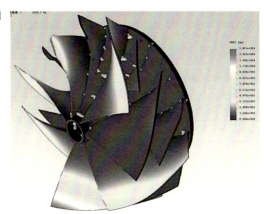

**POINT**
◎ブレードの設計では、回転応力、熱応力、固有振動数がカギとなる
◎圧縮機ブレードの材料にはチタン系の合金が使われるが、高温に曝されるタービンブレードにはニッケル系の合金が用いられる

## 亜音速飛行と超音速飛行でのエンジンの特徴

ジェットエンジンにもさまざまなタイプがあることがわかりました。そのタイプと飛行速度の間には、なにか関係はあるのでしょうか？あるとしたらどのようなものでしょうか？

　ジェットエンジンの推力は、ノズルから噴射されるガスの運動量とインテーク（空気取り入れ口）で取り入れた空気の流入運動量の差で評価できることは述べました（1-1項参照）。この関係から、飛行速度が速くなればなるほど、ノズルからの噴射ガス速度を増加させなくてはならないことがわかります。しかしその一方、飛行速度に対して噴射ガス速度が大きくなれば、推進効率が落ちていきます（1-2項参照）。

　高バイパス比ターボファンジェットエンジンは、ファンで空気流量を多く取り込み、一部の空気流量だけを高圧圧縮機に取り込む構造になっています。ターボファンジェットエンジンは、回転系要素が二軸、または三軸の構成になっており、ファンは低圧タービンで駆動されています。噴射ガス速度と推進効率の関係から、飛行速度が比較的遅い亜音速飛行（大体マッハ0.8程度まで）なら、高バイパス比（大体5～10程度）で空気流量を多く取り込んだほうが、燃料消費の観点から有利です。

### ▼高速飛行なら、ターボジェットエンジンが有利

　超音速飛行の場合、噴射ガス速度は飛行速度よりも速くなくてはならないので、高バイパス比ターボファンジェットエンジンは不向きです。バイパス比の観点からいえば、噴射速度はバイパス比が0のピュアターボジェットエンジンが最も大きくなります。実際、超音速で飛行することが多い戦闘機では、ターボジェットエンジンを搭載している機体は少なくないです。ただ現代の戦闘機では、バイパス比が1以下の低バイパス比ターボファンジェットエンジンを搭載する傾向にあります。

### ▼超音速飛行に特化したラムジェットエンジン

　超音速飛行しているジェットエンジンでは、インテーク出口で空気流速を亜音速まで減速させて圧力を上昇させています。このように高速気流を減速することで得られる圧力のことをラム圧力といいます。マッハ数が2以上を超える飛行では、エンジンのインテーク入口での澱み点圧力（流れを完全にせき止めたときの圧力）が大気中の圧力の8倍以上にも達します。高速になればなるほど、圧縮機で圧力を上げないほうが、エンジンの効率はよくなります。最終的には圧縮機で空気の圧力を上げなくても、燃料を噴射・燃焼させただけで推力を発生させることができます。このようなジェットエンジンをラムジェットエンジンといいます。

## ⚙ ラムジェット、ターボジェット、ターボファンジェットエンジンの概念図

(a) ラムジェットエンジン

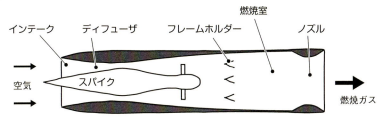

(b) ターボジェットエンジン

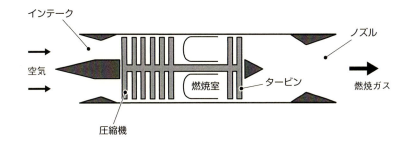

(c) ターボファンジェットエンジン

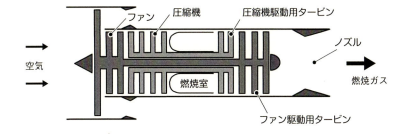

◎亜音速以下で飛行する場合には、高バイパス比のターボファンジェットエンジンが有利である。そして飛行速度が上がるにつれてバイパス比を下げていくほうが有利になる

## 1-5 超音速飛行時のインテークの役割

プロペラ機は、高速飛行ができないようですが、ジェットエンジンなら高速飛行できるのは、どのような機器・メカニズムがあるためですか?

　ターボプロップエンジンやレシプロエンジンでは飛行速度が音速に近づいてくると、プロペラの回転周速度は音速を超えて衝撃波を発生させ、プロペラの効率が落ちてしまいます。そのため、飛行速度の限界はおよそ700km/h程度に抑えられてしまいます。一方、ジェットエンジンの圧縮機にも、プロペラによく似た圧縮機ファンがあり、エンジン作動中は回転して空気を取り込んでいます。ジェットエンジンはターボプロップエンジンよりも、より高速で飛行しマッハ3以上（音速の3倍）でも作動は可能です。実は、ジェット機が超音速で飛行していても、エアインテーク・ダクトで空気流の流速を十分に減速されているので、圧縮機ファンでの衝撃波損失はそれほど深刻ではありません。

### ▌損失をいかに抑えて空気を圧縮機に送り込むことができるか?

　エアインテークの役割は、流入してくる空気を減速するだけではありません。空気流の流速を減速させると、空気流の動圧（運動エネルギー）に相当する分だけ、圧力が上昇します。動圧は（動圧）= 0.5 ×（空気密度）×（流速）$^2$で表される物理量で、圧力と同じ次元をもっています。実際のエアインテークでは、空気流を減速させただけで理論どおりに動圧が圧力に変換できるわけではなく、必ず損失が発生します。そこでインテークの入口と出口での圧力比を圧力回復率と呼んでいます。圧力損失を発生させる要因として、①衝撃波の発生、②インテークダクト内壁の境界層、③湾曲した流路で発生する流れの剥離―などがあります。

### ▌空気流量の捕獲率もインテークの重要な性能要素

　もう1つエアインテークの設計で気をつけなくてはならないのは、エンジンが必要とする空気流量を確実に捕獲できるかということです。上図に亜音速と超音速飛行時でのインテーク入口付近の空気流を示しました。亜音速時には、空気はインテークの周辺部からも流入することができますが、超音速時に取り込むことができる空気流量は、最大でもインテーク入口の投影断面積に流入してくる流量だけです。実際に取り込める空気流量は、飛行条件やエンジンの作動状態によっても左右されます。圧力回復率と流量捕獲率は下図のようになり、どちらかが高ければ、もう一方は低下するという、トレードオフの関係にあります。

第3章 エンジンによる推進力について

## 超音速インテーク(上)と亜音速インテーク(下)における空気の流れ

ジェットエンジンの圧縮機ファンには、ターボプロップエンジンのような衝撃波による損失は起こらないのだろうか？ という疑問が浮かぶが、ジェット機が超音速で飛行していても、エアインテーク・ダクトで空気流の流速を十分に減速されているので、圧縮機ファンでの衝撃波損失はそれほど深刻ではない。

(a) 超音速インテークにおける空気の流れ

衝撃波

(b) 亜音速インテークにおける空気の流れ

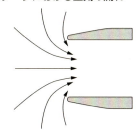

## 一般的なインテークにおける空気流量と圧力回復率の関係

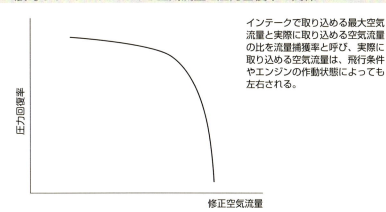

インテークで取り込める最大空気流量と実際に取り込める空気流量の比を流量捕獲率と呼び、実際に取り込める空気流量は、飛行条件やエンジンの作動状態によっても左右される。

縦軸：圧力回復率
横軸：修正空気流量

**POINT**
◎エアインテークは空気を効率よく取り込めるように、損失を抑えつつ減速させる
◎圧力回復率と流量捕獲率がエアインテークの性能のカギを握る。しかし両者はトレードオフの関係にある

## 1-6 圧縮機、ファン

ジェットエンジンでは、取り込んだ空気の圧力をなにによってどのようにして高めているのですか？ またどのくらい圧縮しているのでしょうか？

　ジェットエンジンにおいて空気を取り込む役目を果たしているのは、圧縮機・ファンです。ファン翼列が回転運動することにより、連続的に空気を取り込めるので、このような大流量をエンジンに取り込めるのです。それと同時に圧縮機は取り込んだ空気の圧力を上げる役割をもっています。

　圧縮機の基本構成は動翼（回転する翼列）と、静翼（静止している翼列）から成り立っています。動翼が回転することで空気を取り込み、かつ流れを加速させて運動エネルギーを与えています。動翼の背後には、必ず静翼を配置させます。静翼の役割は動翼から流れてきた空気の流速を減速させて、圧力を上昇させることです。

### ◢ 遠心圧縮機と軸流圧縮機

　上図にジェットエンジンのファンを示します。圧縮機のタイプには、大きく遠心圧縮機と軸流圧縮機の2つがあります。前者は前方から取り込んだ空気を周方向に流出させ、周方向に配置した静翼で圧力回復を行っています。後者では、動翼と静翼がエンジンの回転軸方向に交互に配置されており、空気は回転軸方向に流れています。軸流圧縮機の動翼1段での圧力比は、たかだか2程度ですが、遠心圧縮機では1段で圧力比は5～6程度まで得ることが可能です。しかし遠心圧縮機は圧縮機全体の直径が大きくなるので、高速で飛行する航空機にとってこれは空気抵抗を増やすことになります。そこで軸流圧縮機では、幾重にも動翼と静翼の段数を増やして、直径の増大を抑えつつ圧力比を稼ぐようにしています。現代のジェットエンジンでは、多段化した軸流圧縮機を用いており、圧力比は最大で40以上にもなります。一般的に圧力比が高いほうがエンジンとしての熱効率は高くなります。

### ◢ 圧縮機の空気流量を絞ると圧力比が上がるが、サージ状態に陥る危険性がある

　下図に、一般的な圧縮機の作動特性マップを示します。回転数が一定であれば、空気流量を絞れば圧力比は上がる方向に行き、さらにはサージ（Surge）と呼ばれる不安定減少が発生します。圧縮機がサージ状態に陥ると、圧縮機流路内に激しい圧力振動が発生し、最悪の場合圧縮機が損傷します。圧縮機にとってサージ状態は避けるべきものではありますが、エンジン回転数を急加速で上昇させると、圧縮機の作動状態は、サージ状態に近い領域を通過します。

第3章 エンジンによる推進力について

## ジェットエンジンのファン

## 一般的な圧縮機の作動特性マップ

横軸は圧縮機で取り込んだ空気流量を示し、縦軸は圧力比をとっている。

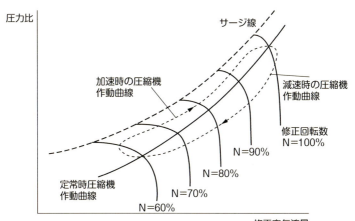

**POINT**
◎現代のジェットエンジンでは、ほとんど軸流式圧縮機を用いている
◎回転数一定で圧縮機の空気流量を減らすと圧力比は上がるが、サージ状態と呼ばれる不安定状態に陥る危険性がある

071

## 1-7 タービン

ジェットエンジンでは取り込んだ空気の圧力を高めるため、圧縮機を使っているとのことですが、その圧縮機はどのようにして駆動しているのですか？

ジェットエンジンにおいては、圧縮機を作動させる役割をタービンが担っています。そのタービンには大きく分けて、衝動タービンと反動タービンの2つの種類があります。タービンで得られる仕事は、タービンの入口と出口のエンタルピー差から供給されます。エンタルピーとは気体の内部エネルギーと流動仕事の和のことです。また、エンタルピーに気体の運動エネルギーを加えたものを全エンタルピーと呼んでいます。それに対し、運動エネルギーを加えない場合は静エンタルピーと呼んでいます。衝動タービンと反動タービンの違いは、タービン翼におけるエンタルピー変化にあります。加速されたガスはタービンに衝突してタービンを駆動します。

### ◼ 衝動タービンは反動度がほぼ0、駆動ガスの運動エネルギーから仕事を得ている

衝動タービンでは、反動度が0に近い値であるのに対し、そうでないタービンを反動タービンと呼んでいます。典型的な反動タービンの反動度は0.5です。通常、タービンノズルでは、ガスが一気に膨張し、超音速流となって動翼に流入します。衝動タービンはガスがタービン動翼に衝突する際の運動量でもって駆動し、その仕事はタービン前後での運動エネルギー差に等しくなります。

### ◼ 反動タービンは駆動ガスが動翼内で膨張するときの膨張エネルギーも活用

一方、反動タービンではタービンノズル（静翼）でもガスは膨張しますが、タービン動翼内でも同様にガスは膨張します。ガスが動翼内で膨張すると、その膨張仕事もタービンの仕事に変換されます、反動タービンのタービン仕事は、駆動ガスの運動エネルギー差だけでなく、この膨張仕事も含まれています。

タービンノズル上流と動翼を含めた全体でのガスの膨張仕事のうち、実際にタービンで得られる仕事との比をタービン断熱効率といいます。タービン断熱効率は、一般的にタービンノズルからの噴射速度$C_0$とタービン動翼の周速度$U$の比（一般的には$U/C_0$と呼んでいる）で決まります。$U/C_0$が比較的大きい値では、反動タービンのタービン断熱効率は衝動タービンのそれよりも大きくなります。一方、$U/C_0$が小さい値（0.2～0.3程度）であれば、タービン断熱効率は衝動タービンのほうが高くなる傾向にあります。

## 衝動タービンと反動タービンの速度三角形

動翼の上流・下流の間における静エンタルピー変化と全エンタルピー変化の比を反動度という。
　（反動度）＝（静エンタルピー変化）/（全エンタルピー変化）
衝動タービンは、ロケットエンジンのターボポンプのような、ガスの分子量が比較的小さく$C_0$が比較的大きい場合に用いられることが多い。航空機用ジェットエンジンのタービンには、効率が高い反動タービンが用いられている。

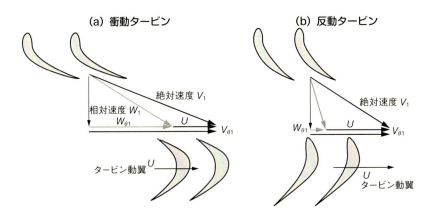

(a) 衝動タービン　　(b) 反動タービン

## タービン翼の形状の例

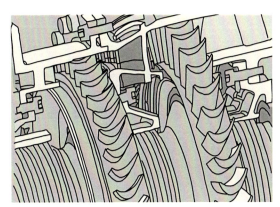

**POINT**
- ◎タービンは衝動タービンと反動タービンの2種類に大別される
- ◎反動タービンは、駆動ガスの運動エネルギーのほかに、動翼内でガスが膨張する際の膨張エネルギーからも仕事を得ている

## アフターバーナー

ジェットエンジンの推力を一時的に増加させる装置としてアフターバーナーがありますが、構造と作動原理はどのようになっているのでしょうか?

ジェットエンジンの燃焼室では空気中の酸素に対して、燃料の割合がずっと少ない希薄燃焼で燃焼させています。そのためタービンを駆動した後の燃焼ガスにもう一度燃料を吹き込んでやると、燃焼により温度が上がります。ジェットエンジンの排気ガスの噴射速度は、だいたい排気ガス温度の平方根に比例するので、排気ガス温度が上がれば噴射ガス速度も上がって推力が増強します。ただしアフターバーナーは燃料消費量が極めて大きいという欠点もあります。

### ◼️アフターバーナーの構造と燃焼器の冷却

アフターバーナーは、スプレーリングと呼ばれる複数のリング状の燃料噴射器と保炎器で構成されています。保炎器は断面がV字型した形状になっているので、Vガッタと呼ばれています。スプレーリングから噴射された燃料は、周囲の流速が速いため、そのままでは火炎として維持できません。そこでVガッタの下流に気流を澱ませる領域(再循環領域)を形成して、火炎を維持させる仕組みになっています。

アフターバーナーの使用時、燃焼温度は最大で2000Kにも達するため、燃焼器を冷却する必要があります。最も広く用いられているのは、フィルム冷却という方式です。燃焼器の壁面にいくつもの冷却用空気孔を設け、燃焼器の外側に冷却用空気を流します。空気は冷却用空気孔を通じて外側から内側に流れ、燃焼器の内側壁面にフィルムのような薄い空気層を形成して、高温の燃焼ガスが直接燃焼器内壁に触れさせないようにしています。これにより燃焼器を熱から守っています。

### ◼️アフターバーナーを作動させるとノズル形状を変化させる必要が出てくる

アフターバーナーを作動させる場合には、ノズル形状を変化させる必要があります。ノズルには先細ノズルと収縮-拡大ノズルの2種類があり、前者はタービン出口と大気圧の差が比較的小さい場合に、後者はその圧力差が大きい場合に用いられます。ノズルのスロート部(流路断面積が最も狭いところ)では流速は音速に達しており、このとき単位断面積あたりを通過する空気流量は最大値になっています。ここでアフターバーナーを使用して排気ガス温度が上昇すると、ガスが膨張して体積が増えてしまいます。そのためスロート部の断面積がそのままだと、排気ガスがすべて通過できなくなるので、スロート部を拡大しています。

第3章 エンジンによる推進力について

## アフターバーナーのVガッタ保炎器

## ジェットエンジンの可変ノズル

**POINT**
◎推力を一時的に増強させるために、アフターバーナーを用いる。アフターバーナーを作動させる場合、ノズル形状を変化させる必要がある
◎アフターバーナーには、Vガッタなどの保炎機構や冷却機構などが必要

075

### 燃料タンク

飛行機、ことに旅客機などは長距離を飛行するために大量の燃料を積み込んでいます。その燃料を貯蔵する燃料タンクはどこに置かれ、どのようになっているのですか？

### ■主翼の反りあがりを防ぐ燃料タンク

　飛行機には、エンジンに燃料を安定的に供給する燃料供給システムが装備されています。燃料供給システムは、燃料タンクおよび燃料ポンプ、配管、バルブなどで構成されています。民間機の多くは、主翼に燃料タンクを搭載しています。上図にボーイング社の大型旅客機747-400の燃料タンクの配置を示します。飛行中の主翼は、揚力を受けて上向きに反りあがろうとしますが、燃料タンクは中に入っている燃料の重量により、主翼の反りあがりを防ぐ役割を果たしています。

### ■分割配置してリスクを分散

　容器内の液体が外部からの振動により揺動するスロッシングという現象があります。この現象が燃料タンク内で多大に生じると、燃料が漏れ出たり、タンクを破損したりする恐れがあります。このスロッシング現象を抑制するためには、タンク内部の燃料の移動量を小さくする必要があります。このため図に示すように、燃料タンクは複数に分割され、タンク内部のポンプにより、配管などを通じて燃料をエンジンに供給するようにしています。

　また燃料は、中図に示すように翼の構造部材である桁やリブの間の空間に充填されています。桁やリブには燃料が移動できるように穴があいており、燃料がこの穴を通過するときの抵抗により、上述のスロッシング現象が抑制されます。また、桁やリブの付け根には、燃料が漏れないようにシール材が施されています。

　このような分割構造は、各タンク、ポンプが故障した際のリスクを分散する狙いもあります。747-400は、主翼および胴体に合計9個、水平尾翼に2個のタンクを搭載しています。主翼のタンクは各エンジンの近傍にそれぞれ1個（メインタンク）、胴体にはセンタータンクが設置されています。メインタンクは近傍のエンジンだけでなく隣のエンジンにも、センタータンクはすべてのエンジンに燃料を供給できるようにポンプ、配管が設けられています。

　飛行姿勢の変化が大きい戦闘機などの場合は、たとえば背面飛行時でも燃料を安定的に供給する必要があります。これを実現する方法として、下図に示すように、タンク内部に隔壁と逆止弁、吸入口を2つもつポンプを組合せる方法があります。

第3章 エンジンによる推進力について

## ボーイング747-400の燃料タンク

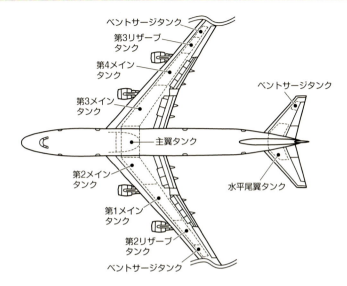

## 燃料タンクの構造

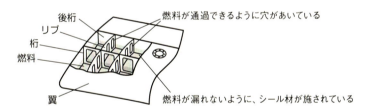

## 背面飛行時の燃料供給システム

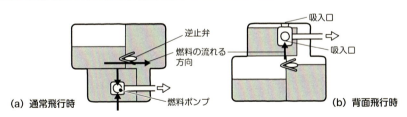

**POINT**
◎燃料タンクは主翼に分割して配置。分割するのはリスク分散の狙いがある
◎戦闘機の燃料タンクは、背面飛行でも燃料が安定にエンジンに供給できるよう、工夫が凝らされている

077

## 燃料とその特徴

自動車用燃料にはガソリンや軽油がありますが、飛行機の場合、ことにジェットエンジンの燃料にはどのようなものがあり、どのようなことが求められていますか？

■ ジェットエンジン燃料に要求される特性

　ジェットエンジンの燃料には、液体のジェット燃料が用いられています。ジェット燃料には、以下の特性が要求されています。

　①燃焼性がよいこと、②燃焼時の発熱量が高いこと、③適度な揮発性を有すること、④低温に対する耐性を有すること、⑤腐食性が低いこと、⑥清浄度が高いこと──など。

　①は着火性がよく、安定した燃焼が持続し、かつ煤の発生が少ないことを意味し、②は燃焼時の発熱量が高いと高温ガスの生成が可能となり、タービンおよびエンジンの高性能化につながります。③は点火性を高めるために必要な条件ですが、その反面、圧力が低くなる高い高度を飛行中に燃料が流れる配管内で気泡が発生するベーパーロック現象により、燃料が安定してエンジンに供給できなくなるリスクを伴います。④についても③と同様に高高度飛行中に、周囲の温度が低くなり燃料の凍結や粘度が高くなるなど、流動性を悪化することがないような特性が求められます。⑤は燃料タンク、配管、バルブなどの材料を腐食させる主に硫黄加工物の混入を十分低くすることが求められていることを意味しています。⑥については、燃料中に含まれる不純物は流動性や燃焼特性に悪影響を与えるため、その混入を防ぐ必要があります。とくに水分は燃焼特性の劣化、凍結によるフィルタの詰まり、金属材料の腐食につながるため、十分に除去されていなければなりません。

■ ジェットエンジン燃料の種類

　ジェットエンジン燃料は、大きくケロシン系とワイドカット系に分類されます。ケロシン系は灯油に近い成分を有し、ワイドカット系は灯油成分に加え、比重が小さいガソリンの成分を含むものです。また、ジェット燃料には民間規格と軍用規格として、それぞれ以下に示すものが定められています。

　①民間規格：米国の標準化団体、ASTMにより規定されたものとして、表に示すものがあります。また、日本の工業規格JISでも定められています。

　②軍用規格：米国軍のMIL規格（Military Standard）で定められたものが表のようにあります。

第3章 エンジンによる推進力について

## 民間規格のジェットエンジン燃料

| 燃料の型番 | 特　徴 |
|---|---|
| Jet A（ASTM）<br>1号（JIS） | ケロシン系。1950年代から米国で標準的に使用されてきた。 |
| Jet A-1（ASTM）<br>2号（JIS） | ケロシン系。氷結温度が−47℃で、Jet Aの−40℃より低い。 |
| Jet B（ASTM）<br>3号（JIS） | ワイドカット系。比重がJet AおよびJet A-1より低く、氷結温度は−51℃。 |

米国の標準化団体、ASTM（American Society for Testing and Materials）やJISで規定されている。

## 軍用規格のジェットエンジン燃料

| 燃料の型番 | 特　徴 |
|---|---|
| JP-1 | ケロシン系。1944年に制定された。氷結温度は−60℃で民間用より低い。現在は使用されていない。 |
| JP-4 | ワイドカット系。1951年に制定された。氷結温度は−72℃。米国空軍のジェット機に使用された。 |
| JP-5 | ケロシン系。1952年に制定された。氷結温度は−46℃。米国海軍、日本の海上自衛隊航空機で使用されている。 |
| JP-7 | ケロシン系。1960年に制定された。米国の超音速偵察機SR-71専用の燃料。高速飛行時の摩擦により機体が高温となるため、揮発性が低く、熱的安定性が高い。 |
| JP-8 | ケロシン系。1978年に制定された。民間規格のJet A-1と近い特性をもつ。現在、米国空軍のジェット機に使用されている。 |
| JP-8＋100 | ケロシン系。1998年に制定された。JP-8に添加物を加え、熱的安定性を高めた。 |

◎ジェット機は高い高度を飛ぶため、温度が低くなる。ジェットエンジンの燃料は、温度が低くても凍結しないものでないといけない
◎そのほか、腐食性、流動性なども考慮する必要がある

079

## 1-11 燃焼

航空機用エンジンでは、推力を生み出す燃焼器の中でどのような燃焼が必要なのですか？　また、そもそも燃焼とは、どのような状態をいうのでしょうか？

　燃焼器では、単純に燃料と空気を完全に混合して燃やせばよいわけではありません。たとえばジェットエンジンの場合、タービンブレードが耐えうる温度まで燃焼ガスを冷却する必要があります。着火した火炎が燃焼器の中で安定燃焼するように、空気の流れを旋回させます。乱れにより混合を促進するだけでなく、燃料噴射ノズル付近の流れに渦（再循環流）ができ、火炎が消えにくくなります（上図）。またアフターバーナーは、タービン通過後の燃焼ガス中の余剰空気を利用してフレームホルダーと呼ばれる再循環領域で再燃させます。このような複雑な流れの中で着火し、かつ消えずに連続的に燃焼させるためには、まず単純な燃焼を知る必要があります。

### ■燃焼が可能な条件

　燃焼は、燃料と空気（酸化剤）が出会って発熱をともなう激しい化学反応（酸化反応）のことです。このとき火がつく前に燃料と酸化剤があらかじめ十分に混合されている形態と、火をはさんで分子の拡散で出会う形態の、2つに分けられます。前者を予混合火炎、後者を拡散火炎といいます（中図）。

　ジェットエンジンの場合、液体燃料を燃料噴射ノズルから霧状にして噴射、熱で部分的に気化させ燃焼させます。このとき燃料と酸化剤の境界で両者が分子拡散して拡散火炎を形成します。燃焼器の中に滞在する時間を考慮すると、液体を燃焼器の中で完全に気化して燃焼させるには、液滴の直径を小さくしなければなりません。

　近年、この噴霧の限界を回避するために、燃料をあらかじめ蒸発させて空気と混合させる予蒸発予混合方式の燃焼技術が研究・開発されています。予混合火炎の場合、燃料と酸化剤が決まれば、燃焼が可能な燃料濃度の範囲も決まります。燃料も酸化剤も過不足なく燃える濃度（理論混合比）を中心に、それよりも燃料が不足（酸化剤が過剰）した希薄燃焼、あるいは燃料が過剰（酸化剤が不足）な過濃燃焼が起こります（下図）。これら希薄・過濃燃焼には限界の濃度があります。濃度だけでなく、圧力や温度、不活性ガスの希釈割合などにも限界があります。燃費や燃焼排出ガスの環境への影響を考えて希薄予混合燃焼の方式で運転しますが、高い安全性が要求され、かつ広い範囲で運用したい航空機用エンジンでは、この方式はコストがかかります。安全性と環境性能を両立した低コスト燃焼器の開発が必要なのです。

080

第3章 エンジンによる推進力について

## 一般的なジェットエンジンの燃焼器

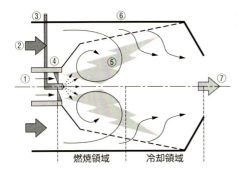

①の一次空気は④の旋回羽を通過する。③の液体燃料は④の中心から噴霧され、①からの旋回空気と出会って⑤のように燃焼する。⑥の二次空気により燃焼ガスは希釈され、⑦で設定されるタービン入口温度まで冷却される。

## 予混合火炎と拡散火炎の構造

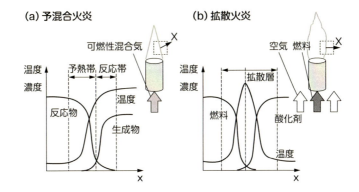

## 炭化水素系燃料の燃焼速度と燃料濃度の関係

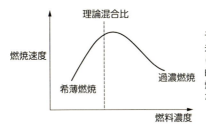

予混合火炎面に垂直方向に流入する未燃混合気の速度を燃焼速度という（予混合火炎面の未燃混合気に相対的な移動速度）。理論混合比付近で燃焼速度は最大。火炎温度も最大となる。

---

**POINT**
- ◎ジェットエンジンの燃焼は、液滴を噴霧した拡散燃焼が基本
- ◎噴霧径の制限と燃費や環境への配慮から、希薄予混合燃焼方式を開発
- ◎燃費や環境への配慮から、希薄燃焼方式を開発

081

## 1-12 ガスタービンエンジンの冷却構造

ガスタービンエンジンには温度が高くなる場所が多くあるとのことです。温度が高いと材料がもたなくなりますが、どのように冷やしているのでしょうか？

### ■なぜ高温になるのか、なぜ高温が必要なのか

ガスタービンエンジンの基本サイクルであるブレイトンサイクルでは、ガスタービン入口の温度が高いほど、理論熱効率が高くなります。熱効率は出力、燃料消費率などに直結するパラメータで、ガスタービン入口の温度を高くすることが、エンジン性能向上を図るうえで重要となります。このようなことから、ガスタービンエンジンの高性能化にともない、タービン入口温度が上昇しており（上図）、すでに1,500℃が実現され、1,700℃達成に向けた研究開発が現在なされています。

ガスタービン入口温度を高めるには、燃焼器、タービンの耐熱性を向上させる必要があります。優れた耐熱性をもつ材料が、これらの構成部材として用いられていますが、最先端のニッケル基超合金でも耐熱温度は1,200℃で、先に述べたようなタービンの入口温度1,500℃以上を実現するためには、冷却構造をもたせることが必須となります。

### ■タービン翼の冷却方法

タービン翼の冷却法は、①冷却空気を用いる空冷、②水を用いる水冷に大別されます（中図）。このうち、一般的に用いられているのは冷却空気を用いる方法です。冷却水を用いる方法は、高い冷却特性を有することが期待されていますが、まだ研究開発段階にあり、実用化には至っていません。

空冷法には、タービン翼の外部に冷却空気を排出させる外部冷却法、タービン内部を空気の流れで冷却する内部冷却法があります。フィルム冷却は外部冷却法の1つで、翼の表面に冷却空気の薄い膜を形成することにより（下図）、翼の空力性能を低下させることなく効率よく翼を冷却するものです。フィルム冷却法は現在、タービン翼冷却法の主流となっています。一方、しみ出し冷却は翼の表面に無数の微細な穴を設け、冷却空気をその穴を通して流出させるもので、フィルム冷却より高効率で低い空気流量で冷却が可能とされています。

水冷法は空冷法に比べて高い冷却特性を有し、水スプレーを用いた外部冷却、翼内部にヒートパイプを内蔵するものなどが考えられていますが、まだ実用化には至っていません。

第3章 エンジンによる推進力について

## ● タービン入口温度の変遷

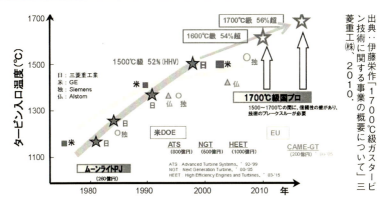

## ● タービン翼の冷却法

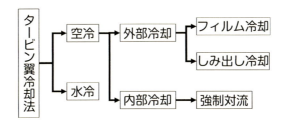

## ● フィルム冷却

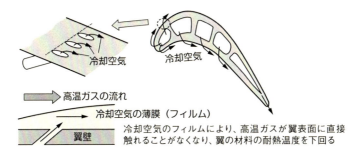

---

**POINT**
- ◎タービンの入口温度が高いほど、エンジンの性能が高くなる
- ◎タービン入口温度が高くなると、タービン翼の耐熱性が要求される
- ◎タービン翼の耐熱性を上げるため冷却構造組み込まれている。空冷が一般的

083

## 1-13 燃焼器の冷却構造

ジェットエンジンの中でも燃焼器は非常に高温になると聞いています。そのため冷却する必要があると思いますが、どのように冷やしているのですか？

### ◤燃焼器の構造および冷却の仕組み

　燃焼器はジェットエンジン内で最も高温となる部分で、効率的な冷却を実現する必要があります。上図左にジェットエンジンの典型的な燃焼器の構造を示します。燃焼器はシェルとライナーによる二重構造となっており、燃焼により形成された高温ガスはライナーの内側を流れます。一方、空気はシェルとライナーの間を流れてライナーにあいた多数の穴を通して高温燃焼ガス側に供給され、高温ガスと混合して排出されます。空気は高温ガスに面するライナー壁を外側と内側の両方から冷却する役目を果たしています。

### ◤冷却の性能を上げる方法

　高温燃焼ガスにさらされたライナー壁を冷却するには、大流量の空気が必要となります。ただし大量の空気を冷却のためにあまりに多く消費してしまうと、エンジンの性能が低下してしまいます。そのため、少ない流量で効率よく冷却することが必要となります。

　高い効率で冷却する方法の1つに、インピンジ（噴流）冷却があります。インピンジ冷却とは小さな穴を通して噴出した液体や空気の流れを対面する壁に衝突させ、壁面を冷却させるものです。噴流が衝突した壁面上には流速が0のよどみ点が形成され、衝突後下流に向けて速度が上昇する部分でとくに高い冷却性能が得られます（上図右）。

　インピンジ冷却を利用した燃焼器ライナーの冷却構造として、英国ロールスロイス社のTransply®があります（下図）。ライナー壁は図に示すように、冷却空気が通過する穴と流路をもつ2枚の板で、穴だけを設けた中間板をサンドイッチする構造となっています。この構造により、中間と高温側の板表面上でインピンジ冷却を実現するようにしています。また、低温側と高温側の板の内面には、突起が設けられています。この突起は、冷却ガスの流れを整える役割だけでなく、板内面の表面積を大きくして、冷却効率を高める役割ももっています。冷却空気が通過する穴の配置、上記の突起の配置は各メーカー独自のものが考案されており、特許化されているものもあります。

第3章 エンジンによる推進力について

## 典型的な燃焼器および冷却構造

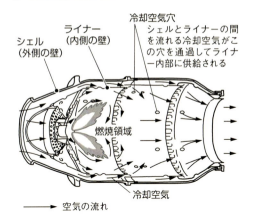

## インピンジ冷却

穴を通った冷却空気が壁に衝突して、流れが壁に沿って放射状に拡がる。拡がる部分で流れが加速し、高い冷却特性が得られる。

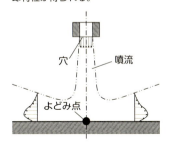

## ロールスロイス社 Transply®

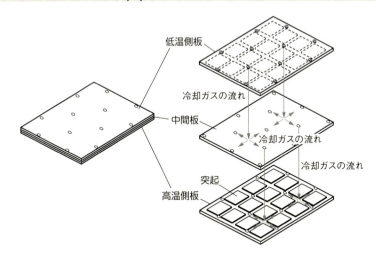

**POINT**
- ◎燃焼器内部の高温ガスから燃焼器の壁(ライナー壁)に大量の熱が伝わる
- ◎ライナー壁は、空気により冷却されている
- ◎冷却の性能を高くするための特殊な構造が、ライナー壁に組み込まれている

085

## 熱遮蔽コーティング

**1-14** 冷却空気を用いる方法以外に、熱を遮断する方法の1つとして、熱遮断コーティングがあるとのことですが、それはどのようなものなのでしょうか？

### ■コーティング剤のはがれが最も大きな問題

熱遮蔽コーティングは、タービン翼や燃焼器ライナー表面に熱伝導の低い材料をコーティングして、基材表面の温度を低下させるものです。前述の冷却構造と組み合わせることにより、冷却空気量の低減を図ることができるため、エンジンの効率低減を防ぐことができます（上図参照）。また、冷却空気だけでは実現できないより高いタービン入口温度を達成することが可能となります。

熱遮蔽コーティングは、高温ガスに直接面するトップコートと、基材との間に位置するボンドコートの二重構造を有しています（下図参照）。トップコートには熱伝導率が低く、耐熱性の高いセラミックス系の材料が用いられています。熱遮断コーティングではコーティング剤のはがれが最も大きな問題となります。ボンドコートはトップコートと基材の間に設けられています。これにより、コーティングのはがれを防ぐ役割を担っています。ボンドコートには、耐酸化性、耐環境性に優れた金属系材料が用いられます。

### ■トップコートとボンドコート

トップコートのセラミックス材料には、酸化ジルコニウム（ジルコニア）が一般的に用いられます。しかしながら、この材料は高温になると結晶の構造が変わる相転移を起こし、体積が変化して割れの原因となります。これを防ぐため、酸化イットリウム（イットリア）を混ぜる方法がとられています。このような材料を、イットリア安定化ジルコニアと呼んでいます。この材料のトップコートは、プラズマ溶射、電子ビーム蒸着という方法を用いて形成されています。

ボンドコートは、アルミとタービン翼の基材のニッケルとの合金をベースとした膜を形成しており、寿命を改善するために、白金が付加されています。また、ボンドコートの耐酸化性、機械的特性を高めるための研究・開発が多く行われており、ボンドコートの素材の改良、ボンドコートと基材の界面を改良する方法が考えられています。後者の例として、トップコートとボンドコートの界面にアルミナの薄い層を付与し、ボンドコートの耐酸化性を向上させる方法が考えられています。この方法により、酸化被膜の厚さを40%近く低減することに成功しています。

第3章 エンジンによる推進力について

## ジェットエンジンのタービン入口ガス温度の変遷と、熱遮蔽コーティングの効果

空気冷却、熱遮断コーティング（TBC）の高度化により、タービン入力ガス温度を高めることができるようになり、ジェットエンジン性能の向上が実現した。

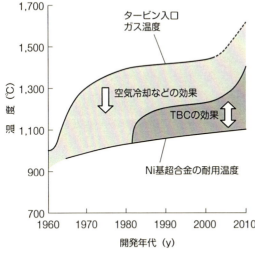

出典：佐藤彰洋, 松永康夫, 吉澤廣喜, 高橋耕雲, 森　信儀「航空ジェットエンジン用熱遮へいコーティングシステムの現状」『IHI技報』Vol.47 No.1, 2007.

## 熱遮蔽コーティング

タービン翼の熱遮断コーティングは、高温ガスに直接触れるトップコートとボンドコートの二重構造になっている。

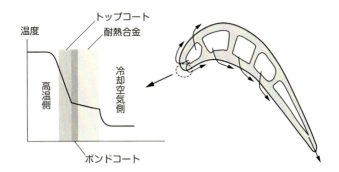

**POINT**
- ◎タービン翼や燃焼器ライナーの表面には、熱遮蔽コーティングが用いられる
- ◎熱遮断コーティングは、耐熱性の高いコーティングと、母材との密着をよくするためのコーティングの二重構造になっている

087

## 材料

軽量、耐環境性、高信頼性など要求条件が厳しいエンジン材料にはどのような素材が用いられているのですか？　また、高温環境にさらされるタービン部分にはどのような特性が求められるのでしょうか？

　エンジン材料には、高温環境下での高降伏力と引張強さ、さらに軽量、耐腐食、耐疲労、耐酸化などが要求されます。ニッケルベース合金、チタンベース合金、さらにCFRP製部品やCMC（セラミックス系複合材料）の採用などがはじまり、軽量化と燃費向上、安全性向上に寄与しています。とくにタービン駆動ガス温度は翼に冷却構造も採用されたこともあり、上図に示すように1,600℃を超え、エンジンの熱効率向上に寄与しています。

### ■ 材料の基本的考え方

　材料の全体概要を下図に示します。低周波疲労、高周波疲労、クリープ、酸化、腐食、浸食、熱衝撃さらに脆化などを考慮しています。とくにタービン翼やディスク部はこれらが重なり合い、応力的に非常に厳しいです。低周波疲労では、たとえばエンジン始動と停止で1サイクルがかかり、同時に起動時や停止時の熱衝撃も加わります。これにエンジン作動中のガス温度変動などや流体力によるブレードの固有振動数の干渉による高周波疲労が加わり、時間とともに進みます。

　微小な材料欠陥が内部に存在すると、ここを起点に損傷は拡大しやがて疲労破壊を起こしかねません。ブレードの冷却は耐熱性を高めますが、冷却構造が複雑であり局所的な温度分布が発生し熱応力が大きくなって熱疲労に影響します。

　クリープは時間とともに材料が延びていく現象で、主に材料の塑性領域で起こります。タービンのように回転部分と静止部分が近接している構造では、クリアランスを大きめにとる必要があります。タービン翼を保持するディスク部は熱容量がブレードに比し大きいため、熱衝撃などの影響は相対的に小さいですがとくにシャフトに近いハブ部では遠心力が大きいことと温度分布による熱応力とを合成した応力が高くなるため、内部欠陥をもつ場合には作動中にバーストする原因となり得ます。そのため、ディスク部は温度均一化や形状を工夫して合成した応力の均一化などの対策をとった形状としています。

　高温部素材についてタービン関係に目を向けると、一方向性凝固材料（例：MAR-M247DS）、単結晶材料が1,100℃以上で用いられています。これらは耐熱材料であり、耐クリープ性を高温で確保した優れた素材です。

第3章 エンジンによる推進力について

## ● タービン駆動ガス温度と圧力比と熱効率との関係

タービン駆動ガス温度上昇とともに熱効率は向上する。

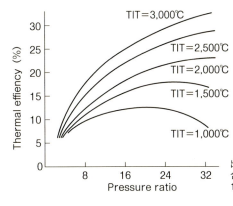

出典：三浦信祐「航空機エンジン用耐熱合金の最近の動向」『電気製鋼』第83巻1号、2012.

## ● ジェットエンジンの材料例

チタン合金、ニッケル合金、複合材が使用されている。信頼性確保のため、表面コーティングによる耐腐食、耐酸化性、遮熱性のあるプラチナを含むアルミナイドやNiCrAlY処理なども施されている。

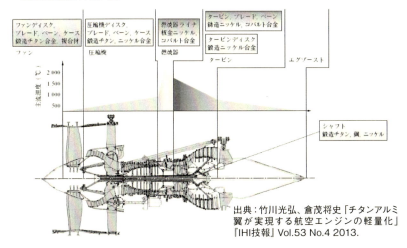

出典：竹川光弘、倉茂将史「チタンアルミ翼が実現する航空エンジンの軽量化」『IHI技報』Vol.53 No.4 2013.

◎エンジン材料は厳しい耐環境性を要求され、かつ軽量化が必須
◎ニッケル合金、チタン合金などが使用され、近年はCFRPがファンケースなどに使われている

## 2. 低燃費・高推力化と次世代型エンジン

## システム効率の向上

ジェットエンジンの燃費向上は日進月歩で進められています。どのような工夫がなされているのでしょうか？ 昔と比べ、現代のエンジンはどの程度燃費が向上したのでしょうか？

### ■高バイパス比

　タービンを通過した高温で速度の大きい排気流れは、エンジンから出た後も余剰のエネルギーを有しており、これは大気との摩擦でロスとなります。推力は流量と排気速度の積で決まりますが、同じ推力であっても大流量で低排気速度の場合には効率がよくなります。そこでタービンで得られたパワーを圧縮機の駆動に用いるのみならず、大きなファンを駆動することで、大流量・低速の効率のよい流れを得ることが考えられました。これがターボファンエンジンです。

　ファンの流れは燃焼器やタービンを通らず、バイパス流となってタービンから出てきた高温で高速の排気と混ぜ合わされ、出口から噴出されます。効率向上の観点からはタービンで得られたパワーのうちできるだけ多くをファンの駆動力に用いるのがよく、時代とともにバイパス流の割合（これをバイパス比と呼ぶ）は増える傾向にあります。1960年代にはバイパス比は1〜2程度だったのですが、現在では4〜8となり、高バイパス比エンジンと呼ばれています。推力のほとんどをファンで稼いでおり、燃料消費率はこの50年で半分程度までに低下しました。

### ■ギアードターボファンエンジン

　タービンの回転数とファンの回転数は当然同じになりますが、両者の最適な回転数はそれぞれ異なります。タービンは小型で高回転が望まれるのに対し、バイパス比を増やすためにファンの径を大型化してゆくと、ファン先端の周速が上がり騒音も大きくなります。また、周速が超音速に達するとファン効率は低下します。これを回避するため、タービンの回転数をギアで落としてからファンに伝えるギアードターボファンが考案されました。摩耗に強く信頼性の高いギアを作るには製造上の困難があり、このアイデアは40年以上も実用化されませんでしたが、ついにプラット・アンド・ホイットニー社のPW1000GシリーズがA320neoやMRJで採用され、注目されています。このエンジンの採用により、MRJは従来機よりも2割程度の燃費向上を実現しました。また、ファン騒音も大幅に低減されました。飛行機では耐久性・信頼性が第一ですので、このようによいアイデアであっても実用化までに長い時間を要する傾向にあります。

第3章 エンジンによる推進力について

## ターボファンエンジンの構造

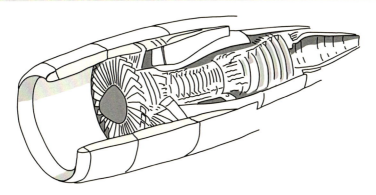

## ギアードターボファンエンジンの構造図

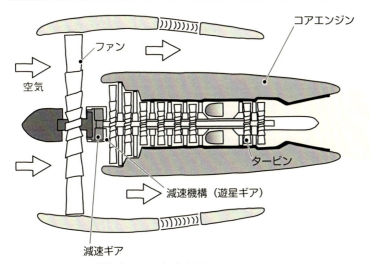

- コアエンジンでは燃焼ガスでタービンをまわす
- 本来、ファンはタービンと一緒の回転数で回る
- コアエンジンに流れる空気と、コアエンジンの外を流れる空気の流量の比がバイパス比
- 減速ギアでファンの回転数を落とすことにより、タービン、ファンともに適切な回転数を実現できる

◎推力は流量と排気速度の積で、同じ推力でも流量大・排気速度小で効率高い
◎タービンで得られたパワーによりファンを駆動するターボファンエンジンが主流
◎近年、回転系にギアを採用したジェットエンジンが登場し燃費が2割向上

091

## 推力制御

ジェットエンジンの推力は、どのような操作をしてどのように変えているのでしょうか？ 離陸時、巡航時、着陸時の推力はどの程度必要なのでしょうか？

　ジェットエンジンの推力制御はスロットルレバーで行います。エンジン1つに対して1つのレバーがコックピットに設置されており、各エンジンは独立して制御できます。通常旅客機が離陸するときには、まず50％の位置までスロットルレバーを動かし、左右のエンジンのバランスや計器類の確認を行います。次いで離陸に必要な推力が出るところまでスロットルを上げてゆき、限られた距離の滑走路から燃料満載で離陸します。離陸して巡航状態となるとスロットルは半分以下に落とされます。空気抵抗と釣り合うだけの推力を発生すればよいからです。着陸時にもスロットルは絞られた状態です。
　スロットルレバーは基本的に燃料の噴射量を調整するもので、これにともないタービンの回転数と、これに連動して決まる圧縮機からの空気流量が変化します。しかし、ジェットエンジンでは燃料噴射量を急激に増減することは異常燃焼などにつながる恐れがあり、禁物です。実際にはパイロットのスロットル操作に従いコンピューターがタービン温度や回転数をチェックしながらゆっくりと回転数を増減するような仕組みになっています。

### ◤推力を増やす緊急テクニック

　ジェットエンジンは空気の密度が薄いところでは推力の上限値が小さくなります。空気は温度が高くなると密度が低下するため、暑さの厳しい地域では推力不足で離陸できないこともあります。そこで、ボーイング707や747-100では散水することで温度を下げて推力を増加させる水噴射システムを機体側に備えていました。水を吸い込んだエンジンはタービン温度が低下するため、タービン温度が本来の上限に達するまで燃料を多めに噴射して推力を100％以上に高めることも可能です。
　超音速で飛行する航空機（F-15やコンコルド）のジェットエンジンには通常アフターバーナー（リヒート）と呼ばれる装置がついており、一定時間大推力を発生することができます。これはタービンを回したガスにさらに燃料を噴射してガス温度を高め、ノズルを通じて超音速で排気する仕組みです。アフターバーナー装置は莫大な推力を発生できる一方、燃料を大量に消費します。また耐熱性の問題から連続使用時間は限られています。

第3章 エンジンによる推進力について

## ボーイング747のスロットルレバー

ボーイング747はエンジンを4発搭載しているので、スロットルレバーは4本ある。各列にはそれぞれ2本あるが、上側のレバーも下に倒すとスラストリバーサーが発動する。

## アフターバーナー

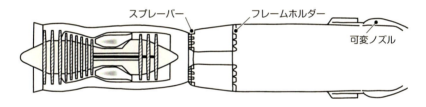

スプレーバー　フレームホルダー　可変ノズル

## アフターバーナー付ターボファンエンジン

アフターバーナーで燃料を燃やすことにより、より高い推力が得られる半面、燃料消費量は増大する。

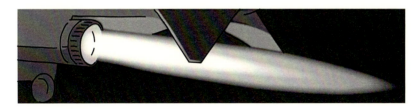

**POINT**
◎スロットルレバーにより燃料噴射量を調節する
◎スロットル最大となるのは離陸時のみ
◎アフターバーナーは瞬間的に大推力を発生する

093

## 環境にやさしいエンジン

飛行機が環境に与える影響としては、主にどのようなものがあるのですか？　また、それらに対して、それぞれどのような対策がなされているのでしょうか？

　空を飛ぶ航空機は、エンジンからの燃焼排出ガスや騒音の影響が広範囲におよぶため対策が必要です。もちろん巡航中だけでなく、飛行場での離陸、着陸、タキシングにおける周囲への影響も考慮しなければなりません（上図）。

### ■燃焼排出ガス対策

　エンジンからの排出ガスは、国際民間航空機関（ICAO）の基準をもとに規制されます。対象は、炭化水素（HC）、一酸化炭素（CO）、窒素酸化物（NOx）、煙（すす）です。燃料は炭化水素系なので、低出力運転時は不完全燃焼によりHCやCOが、高出力運転時は炭酸ガス（$CO_2$）と水（$H_2O$）が排出されます。窒素を含んだ空気を酸化剤として利用しており、かつかなり高温なことからNOxも排出されます。つまり排出物はトレードオフの関係にあります（上図）。開発が進められている予蒸発希薄燃焼方式では、希薄燃焼させることで通常は過濃燃焼で多く生成されるプロンプトNOを低減し、かつ最大温度になる理論混合比付近の濃度を避けることで、サーマルNOの低減を狙っています。また二段燃焼方式も研究されています（中図）。まず燃料過濃状態で一次燃焼させて希薄側で主に排出されるフューエルNOを低減し、最大温度になる理論混合比付近は過剰な空気で急速に混合、すぐに希薄状態の二次燃焼にすることで、サーマルNOの低減とプロンプトNOを低減するものです。

### ■騒音対策

　ICAOは①飛行機自体の騒音低減、②空港周辺の土地管理、③騒音低減運航方式、④運航規制の4つをバランスよく組み合わせて実施することを推奨しています。エンジンの改良で①の対策は可能です。近年のジェットエンジンでは、主にファン騒音と排気ジェット騒音の2つが重要な騒音源です。ファン騒音は、ファンブレードから発生する圧力波などが原因です。ファン形状を最適に設計したり、吸音材をダクト内に設置したりすることで抑制しています。排気ジェット騒音は、高速の排出ガス（主流）と周囲空気との速度差によって発生する乱れが原因です。ターボファンエンジンの場合、ファン流れへのバイパス比を大きくすることで主流速度を低減し、騒音を減らしてきました。近年は、排気ノズルをぎざぎざ形状にして排気ジェットの周囲流との混合を促進する、シェブロンノズルも採用されています（下図）。

## LTO(Land and Takeoff)サイクル(上)と排出ガスの関係(下)

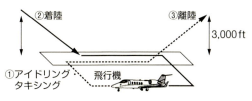

飛行機の排出ガスは、左図のLTOサイクルの範囲で規制されている。すなわち、3,000ft(フィート)からの着陸、タキシングとアイドリング、3,000ftまでの離陸上昇の範囲である。この範囲でのエンジン出力はさまざまなので、CO、HC、NOxの排出量は変わる。とくにCO、HCとNOxの排出特性は、トレードオフの関係にある。

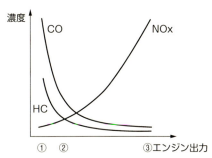

## 二段燃焼方式の燃焼器

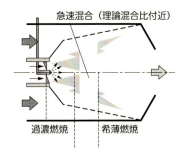

たとえばRQL燃焼器では、まず過濃混合気の中で燃焼させ、その後、急速に酸化剤と混合させることで理論混合比付近の高温燃焼範囲を回避し、後流段で希薄燃焼させる。これにより、主に高温領域で生成されるサーマルNOの生成を抑制できる。

## 騒音対策用のシェブロンノズル

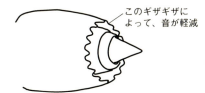

ボーイング787のターボファンエンジンなどの排気ノズルでは、ファン排気の出口をシェブロンノズルとすることで、外気との速度差で生成される渦を軽減し、騒音を抑えている。

**POINT**
◎エンジンの燃焼ガスは、運転状態によって排出されるものが異なる
◎希薄燃焼、RQL方式などで、燃焼排出ガス対策は可能
◎ブレードの最適化、シェブロンノズルの採用などで、騒音対策は可能

## 安全確保

ジェットエンジンは高推力比と低燃費、軽量、静寂そして安全性確保を重要な課題として、研究開発が進められています。エンジンに関する安全確保の面では、なにが問題になるのですか?

### ◼ 外部要因が原因の損傷

エンジンには外部から雪、雨、ひょう、さらに砂や火山灰、バードストライクという鳥などの飛び込みが起きるわけですが、これらは破損か機能不全を生じさせる可能性があります。その対策としてエンジンの前方にある圧縮機のブレードの前縁部の強度強化、火山灰や燃料に含まれる硫黄成分による腐食防止に対しては翼表面コーティング、さらに損傷してもいきなり全破壊にならない損傷許容設計処置がとられています。高高度を飛行する場合には、氷結防止に圧縮機の一部からブリードした温度が高い空気により昇温して防止します。上図に示すようにバードストライクについては吸込試験を実施し、燃焼が吹き消えないことも確認します。

### ◼ 内部要因が原因の損傷

ファン部は径が大きいので軽量化のため、ケーシングに複合材(CFRP)が使用されています。ファン動翼が破断しても外部に飛散させないように飛散物に対して抵抗をもたせています。下図にその試験状況を示します。

内部については損傷許容という考え方で設計し、たとえば破損による翼の亀裂進展を予想し、十分余裕をもって部品交換時期を決めています。高温、高圧下では超耐熱合金であっても、繰り返しかかる応力を低減するために翼を冷却構造にし、翼表面コーティングなどによる熱遮蔽対応、さらに構造設計における熱膨張の吸収など、およそ想定される事象に対する事前対策をとっています。低温環境では動翼先端の隙間(チップクリアランス)が大きくなり、効率低下を防ぐため、ファンには伸び調整ライナーを配している場合もあります。これは接触防止対策にもなります。

フェールセーフなどの観点でみた場合、エンジンを複数搭載して停止に備えたり、自動点検を促進したりしています。これに対して、上図に示したバードストライクやバーストにおける飛散防止などはエンジン独自の対策となります。

保守については、点検を容易にするためエンジンを極力モジュール化し、ボアスコープ用の点検孔を設けるなど対策が講じられています。定期的に損傷を起こしやすい部品、とくにタービンやファン、圧縮機、軸受など回転系部品は外観点検、非破壊検査、トルクの異常確認、さらに運用中のデータ確認などを実施しています。

第3章 エンジンによる推進力について

## ✺ バードストライク模擬試験

ゼラチンを鳥の代わりに使用している。

出典：村上務、盛田英夫、及川和喜
「複合材ファンシステム研究開発」
『IHI技報』Vol.53 No.4 2013.

## ✺ 複合材ファンケース

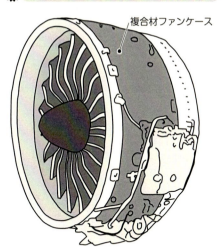

## ✺ ファンの飛翔体衝突試験

(a) ハーフリング試験模式図

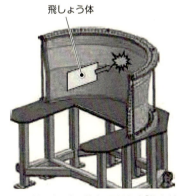

(b) 飛しょう体衝突時の様子

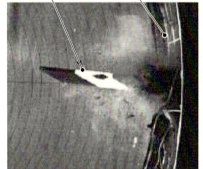

出典：村上務、盛田英夫、及川和喜「複合材ファンシステム研究開発」『IHI技報』Vol.53 No.4 2013.

---

**POINT**
◎外部要因（鳥の飛び込み）と内部要因（回転系のバースト）に対して、外部に影響ないように破損部品の飛び出しなどを防止している
◎一定の損傷が起きても、ただちに全損とはならないように設計されている

097

## スペースプレーン用エンジンへの道

より速く飛べるジェットエンジンや将来のスペースプレーン（宇宙飛行機）に使われるジェットエンジンにはどのようなものがあり、どのように研究が進められているのですか？

現在、宇宙へ行くために、スペースプレーンが研究されています。実用化されているジェットエンジンの最高速度は大体マッハ3.3くらいですが、スペースプレーンではマッハ6～10程度までジェットエンジンで飛行することを検討しています。このような高速度は、通常のターボジェットエンジンでは不可能ですので、スクラムジェットエンジンと呼ばれるエンジンを使用することが考えられています。

### ◢極超音速飛行で作動するスクラムジェットエンジン

スクラムジェットエンジンでは、極超音速（マッハ5以上）で流入してきた空気をマッハ2～3程度まで減速させ、超音速流中で燃料を着火、燃焼させて推力を得ます。超音速流中で燃焼させるのは、亜音速まで減速させてしまうと、気流の温度が2,000K以上にも上昇してしまうからです。ここに燃料を噴射しても燃料分子が熱分解して吸熱反応を起こしてしまい、推力を得ることができなくなってしまいます。ただ、このエンジンの作動範囲は、マッハ5～10と想定されており、離陸時には使用できません。

### ◢エアターボラムジェットエンジンとパルス・デトネーション・エンジン

離陸時から使用できる高速飛行用エンジンとして、エアターボラムジェットエンジンが考えられています。通常のジェットエンジンでは圧縮機で取り込んだ空気と燃料を燃焼させ、その燃焼ガスでタービンを駆動させていますが、エアターボラムジェットでは、燃料・推進剤からタービン駆動ガスを生成します。タービン駆動ガスの生成方法には、燃料を熱交換器で燃焼ガスとの熱交換によって加熱してタービン駆動仕事を得るエクスパンダー方式と、ガスジェネレータで燃料と酸化剤を燃焼させてタービン駆動仕事を得るガスジェネレータ方式の2つがあります。これらのエンジンで地上を離陸してからマッハ6程度までの飛行を想定しています。

将来が有望視されているエンジンとしては、パルス・デトネーション・エンジン（Pulse Detonation Engine；PDE）または回転デトネーション・エンジン（Rotating Detonation Engine；RDE）があります。デトネーション（爆轟波）というのは、超音速で伝播する燃焼の形態を指しており、衝撃波と火炎が一体化したものです。PDEは圧力一定の定圧燃焼を行うガスタービンエンジンよりも、熱効率が高いものです。

第3章 エンジンによる推進力について

## スクラムジェットエンジンの概念図

ラムジェットエンジンでは、超音速で流入してきた空気を減速するだけで、推力を発生するのに必要な圧力が得られる。しかし圧力上昇と同時に温度も上昇していく。気流マッハ数が5以上になってくると十分な推力が得られなくなってくるので、スクラムジェットエンジンでは燃焼器の中の気流を、マッハ2～3程度まで減速させて燃料を燃焼させる。

## 開発中のエアターボラムジェットエンジン

ラムジェットエンジンでは、離陸時には推力を発生させることができないので、別のターボジェットエンジンなどと組み合わせて運用させる必要がある。しかしエアターボラムジェットエンジンは、圧縮機を備えていることから、地上離陸時も推力を発生することが可能で、かつタービン入口温度が常に一定であることから、超音速飛行に適したエンジンでもある。

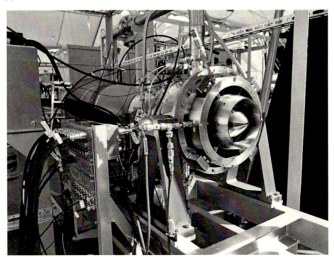

**POINT**
◎スクラムジェットエンジンでは、地上から離陸することはできない
◎離陸から極超音速飛行できるエアターボラムジェットエンジンやパルス・デトネーション・エンジンが研究されている

COLUMN
3

# 航空宇宙機の革新を支えた
# テストパイロットたち

ライトフライヤー号以降今日に至るまで、数々の革新的航空技術が開発され、飛行実験機に搭載して実際に飛ばす飛行試験によって、その機能・性能が調べられてきました。

とくに米国のNACA/NASAによるXシリーズが有名であり、超音速飛行を初めて達成したX-1、極超音速飛行（マッハ6.7）を初めて達成したX-15、FRP前進翼を搭載したX-29、等々があります。

いままで見たこともないような革新的技術を搭載した実験機がちゃんと飛べるかどうかは保証の限りではありませんから、実験機を操縦するテストパイロットには、最高の操縦技量、あらゆるピンチを乗り越える冷静さ、決死の覚悟、などの比類なき高い資質（Right stuff）が求められています。

同じタイトルの映画（『ライトスタッフ』1983年製作のアメリカ映画。トム・ウルフ原作、フィリップ・カウフマン監督、サム・シェパード主演）でテストパイロットの生きざまが楽しく紹介されていますので、ぜひとも一度ご覧ください。

歴史上の大勢のテストパイロットの中で最も有名なのは、皆さんもよくご存知のニール・アームストロング（Neil Armstrong, 1930～2012）です。

彼は、極超音速飛行実験機X-15をはじめとして生涯に200種類以上の飛行機のテストパイロットを務め、その間に命がけのピンチをいつも冷静に切り抜けてきました。その実績を買われてアポロ11号の船長に任命されました。

アポロ11号は彼の手動操縦でなんとかぎりぎり月面着陸したのですが、彼でなければ着陸に失敗していただろうと言われています。このような凄腕のテストパイロットが大勢いたからこそ、飛行機のみならず宇宙機も、今日の水準まで発展してきたと言えるのです。

# 第4章

# 機体の構造およびおよび材料

Structures and Materials of the Body

# 1. 飛行機にかかる力と機体の構造

## 機体にかかる力

機体に作用する代表的な4つの力（重力、推力、揚力、抗力）のバランスにより、航空機は離陸、飛行、着陸が行えます。ではそれぞれの力はどのように作用して飛行機は飛行・離着陸が行えるのでしょうか？

### ◾機体に作用する4つの力

　第2章では飛行機にはたらく力と飛行のメカニズムについて説明しましたが、機体構造を考えるうえでも機体にかかる力を正しく理解することは重要です。機体に作用する力は大きく分けて4つあります。1つ目は、リンゴが木から落ちるところを見てニュートンが発見した万有引力に起因する重力です。重力は、機体を地球の中心方向に向かって引き付ける力で、機体全体に下向きに作用する力です。2つ目は、航空機が進行方向に進むために必要な力である推力です。固定翼機であれば翼面に取り付けられたジェットエンジン、回転翼機であれば回転するプロペラによって生み出される力で、機体が進行する方向に作用します。3つ目は、航空機が上昇し空中を飛行するために必要な力、揚力です。この揚力は、2つ目の力（推力）によって機体が加速され、機体の進行方向速度の増加とともに増加します。揚力は翼面全体に上向きに作用する力で、この力が重力より大きくなることで、機体は上昇できます。4つ目は、水中で手を動かすと感じる動きにくさ、抵抗感の原因である抗力（抵抗力）です。正面からの突風で前に進めない、または背中を押されて逆に歩くのが楽になる、といった経験があると思いますが、上空では時速900km程度で飛行する航空機では、空気によって非常に大きな抵抗力がはたらきます。この進行方向とは逆向きに作用する力が抗力です。

　以上の4つの力は、機体全体に分布的に作用したり、エンジン取り付け部である翼構造を介して胴体に作用したり、翼面全体に分布的に作用したりと、機体構造に対する影響はさまざまです。またこれらの力により機体は変形・振動しますが、それでも壊れないような構造として設計されています。

### ◾高空では膨張する力が機体に作用

　航空機が飛行する高度約10,000mの上空では、地上に比べて約5分の1の気圧（0.2気圧）です。0.2気圧では人間が耐えられないので、機内は0.8気圧に与圧されています。つまり機体の内部と外部では0.6気圧の差があり、これは1m$^2$あたり6トンの力に対応します。よって、胴体構造には風船がふくらむように外側に膨張する力が上空では作用します。

102

第4章 機体の構造および材料

## 機体にかかる4つの力

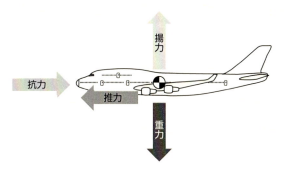

重力および推力、揚力、抗力の4つの力が機体に作用し、さまざまな影響を与える。

## 機体の加速と離陸

ジェットエンジンやプロペラによって生み出された推力により加速した機体には揚力が発生して、飛行機は離陸する。

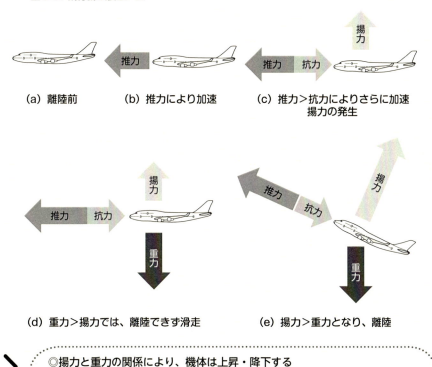

(a) 離陸前
(b) 推力により加速
(c) 推力＞抗力によりさらに加速 揚力の発生
(d) 重力＞揚力では、離陸できず滑走
(e) 揚力＞重力となり、離陸

**POINT**
◎揚力と重力の関係により、機体は上昇・降下する
◎推力と抗力の関係により、機体は加速・減速する
◎与圧による機体内部と外部の圧力差により、機体は膨張する

## 1-2 機体の変形

機体に作用するさまざまな力(重力、揚力、推力、抗力、与圧、舵面力など)により、機体は目で見てわかる範囲とわからない範囲で変形しています。では、機体はどのように変形しているのでしょうか?

　飛行中の機体を正面から見た場合、機体全体には重力が下向き(地面方向)に作用しています。また、主翼には機体全体に作用する重力の合計と釣り合う揚力が上向き(上空方向)に作用しています。揚力は、主翼全体に分布的に作用します。そのため、胴体中心に原点をおいて機体を正面から見た場合、右主翼には時計回り、左主翼には反時計回りのモーメントが発生します。この主翼左右に作用するモーメントによって、翼端部が上向きにそり上がるような曲げ変形が主翼構造には生じます。

　炭素繊維強化プラスチック(CFRP)などの複合材を機体の50%程度採用したことで有名なボーイング787の飛行時では、主翼端部が地上に静止している状態に比べて約10フィート(約3m)もそりあがるように変形するようです。さらに設計荷重の1.5倍の荷重が主翼に作用した場合には、26フィート(約8m)も変形し、それでも壊れないように設計されています。つまり、主翼構造は大きな曲げ変形が生じることを前提に設計されています。

### ▮旋回中は機体にねじり変形が生じる

　航空機が旋回する場合を考えます。一般的な旋回運動は、主翼左右に対称に備えられた補助翼(エルロン)を用いた機体のローリング運動と、機体後方の垂直尾翼に備えられた方向舵(ラダー)を用いたヨーイング運動の組み合わせによって行われます。このローリング運動において、たとえば右旋回の場合は、右翼側エルロンを上げ、左翼側エルロンを下げます。その結果、右翼の揚力が減少し、左翼の揚力は増加するため、機体を前から見た場合、機体は反時計回りに回転します。この機軸方向を中心に回転しようとするモーメントは、胴体にとってねじり荷重に相当し、我々が体をひねって後ろを振り返るときと同じように、胴体には微小なねじり変形が生じます。

　また前項で説明したように、機体内外の圧力差により、胴体には0.6気圧の圧力が作用しています。その力により、胴体は風船のように膨らむような変形をします。この圧力による膨張変形に耐えられる機体構造が、厚さわずか1〜2mmのアルミ合金外板で設計されていることは、驚きです。

第4章 機体の構造および材料

## 荷重を受けて主翼は上側に曲がる

- 設計荷重の1.5倍
- 26フィート
- 飛行時
- 10フィート
- 静止状態

## 揚力によるモーメントによって、主翼には曲げ変形が生じる

## 機体は旋回時にねじれる

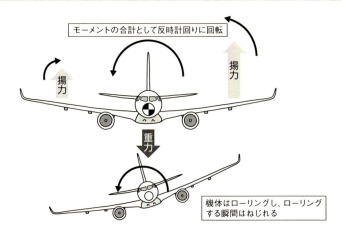

機体はローリングし、ローリングする瞬間はねじれる

> **POINT**
> ◎機体に作用する力により、曲げ変形が生じる
> ◎機体に作用する力により、ねじり変形が生じる
> ◎機体内部と外部の圧差により、機体は膨張変形する

105

# 機体にかかる力・変形と断面形状の関係

機体の大きな変形は、機体の操作性を悪化させます。そのため、作用する力の大きさや種類に対し、許容範囲内の変形となるよう設計されています。ではどのように変形量をコントロールしているのでしょうか？

　飛行機に作用するさまざまな力により、機体には曲げ変形、ねじり変形、膨張変形が生じることを説明しましたが、想定される最大荷重に対してそれぞれの変形量が設計範囲内になるよう航空機の構造設計を行う必要があります。なぜなら、変形量が設計範囲を超えて大きく変形した場合、主翼であれば十分な揚力が得られず墜落することも考えられるからです。また補助翼であれば操縦ができなくなり、安全な飛行に大きな影響を与えます。

## ▎断面形状によって変形量は変わる？

　機体に作用する荷重の大きさとその作用点（荷重が加わる場所）がすでにわかっている場合、同じ剛性（変形のしにくさ）の材料を用いた場合でも、断面形状を変えることで変形量をコントロールすることができます。変形させようとするモーメントと曲げ変形量における初歩的な関係式は、式(1)で定義されます。式(1)の詳細は材料力学の教科書で学んでもらうとして、式(1)におけるIを断面二次モーメントと呼びます。断面二次モーメントは式(2)の関係式によって計算される物理量で、断面形状によって定まる量です。曲がる方向の違いにより、$I_x$、$I_y$がそれぞれ計算されます。Iは中立軸からの距離の二乗と断面積の掛け算によって定義される量です。そのため、中立軸から離れた距離に多くの面積を有する断面形状の場合、Iは大きくなります。同じ断面積の矩形断面とI型断面では、I型断面の断面二次モーメントのほうが値は大きくなります。ここで式(1)に戻り、材料の剛性を表す$E$と作用するモーメント$M$が一定の場合、断面二次モーメントの値が大きくなれば、変形量を表す$dy^2/dx^2$の値が小さくなり、変形量が抑えられることになります。つまり断面二次モーメントは断面形状で定めることができる曲がりにくさを表す物理量だということです。断面二次モーメントとは別に、断面二次極モーメント$I_p$という値もあり、こちらも断面形状によって定まる物理量です。断面二次極モーメントはねじり変形時に用い、曲げ変形時の断面二次モーメントに対応する量だと考えて下さい。

　断面形状と変形量の関係を少しは理解していただけたと思いますが、実際の航空機設計では、上記の関係を用いて小さな断面積でも曲げやねじりに強い構造を考え、さらに軽量化までもが検討されています。

第4章 機体の構造および材料

## 式1〜式3

$$E1 = \frac{dy^2}{dx^2} = M \quad 式(1)$$

$$I_x = \int_A y^2 dA$$
$$I_y = \int_A x^2 dA \quad 式(2)$$

$$I_p = \int_A r^2 dA = \int_A (x^2 + y^2) dA \quad 式(3)$$

## 式1を説明する片持ち梁の曲げ変形

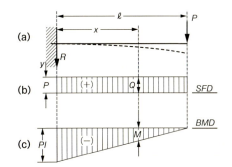

(a) 先端に荷重Pが作用する場合の梁の曲げ変形

(b) 先端に荷重Pが作用した場合のせん断力の分布

(c) 先端に荷重Pが作用した場合の曲げモーメントの分布

## 矩形断面とI型断面の断面二次モーメントの計算例

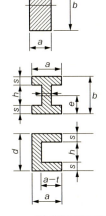

$\frac{ab^3}{12}$ 矩形断面の断面二次モーメント

$\frac{ab^3 - h^3(a-t)}{12}$ I型断面の断面二次モーメント

a=10、b=10、t=5、h=5 [mm] の場合
矩形断面の面積：$S_1$=100 [mm$^2$]
I型断面の面積：$S_2$=75 [mm$^2$]
矩形断面の断面二次モーメント：$I_1$=833 [mm$^4$]
I型断面の断面二次モーメント：$I_2$=781 [mm$^4$]
$S_1/S_2$=1.33
$I_1/I_2$=1.07
つまり、矩形断面に比べて断面積が少なく軽いI型断面は、重い矩形断面と同等の曲げにくさ（曲げに対する強さ）を有している。

**POINT**
- ◎同じ材料でも断面二次モーメントが大きい場合、曲げ変形しにくい
- ◎矩形断面よりI型やH型断面のほうが断面二次モーメントを大きくできる
- ◎同じ材料でも断面二次極モーメントが大きい場合、ねじり変形しにくい

## 1-4 翼にかかる力

翼にかかる力によって飛行機は上昇したり旋回したり下降したりすることはわかりましたが、翼にはどのような力がどのように加わるのでしょうか。それによってどのような影響が起こりますか？

翼は揚力を発生させるためにあります。先にも解説しましたが、揚力とは翼にはたらく上向きの力で、重力に抗して飛行を可能にするはたらきをしています。翼は片持ち梁にモデル化して考えると簡単になり、揚力は片持ち梁の分布剪断荷重となります。翼の自重も分布剪断荷重です。分布剪断荷重は、片持ち梁に剪断力および曲げモーメントを発生させます。これにより片持ち梁には曲げ変形が起こります。実際には、揚力や自重のほかに空気に逆らって進むことによる抗力も発生するので、揚力と抗力を合わせた空気合力が作用します。

### ◤翼には揚力や抗力が発生

また、揚力や抗力は翼に分布して発生しますが、翼断面の一点に代表して集中力として作用すると考える場合には、翼断面の風圧中心にその翼断面の空気合力全体がはたらくと考えます。翼断面の形状は、大きい揚力と小さい抗力が発生するようにまさに流線形になっています。翼断面には、どこの位置を中心にして捩ったら純粋に回転だけが現れるかという捩り中心があります。捩り中心でない位置を中心にして捩ると、翼断面には回転と平行移動が同時に起こります。翼断面の回転とは、翼幅方向で考えると翼の捩り変形として見えます。翼断面の平行移動とは、翼幅方向で考えると翼の曲げ変形として見えます。逆に、翼断面の捩り中心でない位置に空気合力としての剪断力を作用させると、翼断面には剪断力方向の平行移動だけでなく回転も同時に起こります。ふつうは翼断面の風圧中心と捩り中心は同じ位置ではないため、風圧中心と捩り中心とのずれ距離による捩りモーメントが翼断面に作用し、翼には曲げ変形のほかに捩り変形も同時に起こります。

### ◤繰り返し荷重も疲労の原因

このほか、翼についているフラップや補助翼などの操舵により追加の剪断力、曲げモーメント、捩りモーメントも発生します。また、離着陸時の地上走行や着地衝撃により、翼にも地上走行荷重や着陸荷重など飛行回数による繰り返し荷重が作用します。飛行中には突風荷重による繰り返し荷重も作用します。これら繰り返し荷重は、構造が疲労する原因となっています。

第4章 機体の構造および材料

## 翼にかかる揚力と自重

片持ち梁にモデル化して考えると理解しやすい。揚力および自重は分布剪断荷重であり、これは片持ち梁に剪断力や曲げモーメントを発生させる。

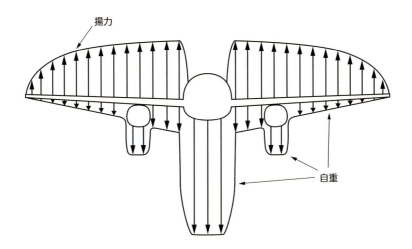

## 翼断面の回転と平行移動

翼断面をモデル化したとき、空気力学で決まる風圧中心と構造力学で決まる捩り中心とはふつうは同じ位置にないため、空気力学的な揚力が発生すると、翼には上向きに反る変形（曲げ変形）のみならず、翼断面内のモーメントも発生させて捩り変形が起こる。捩り変形が起こると揚力分布が変化する。

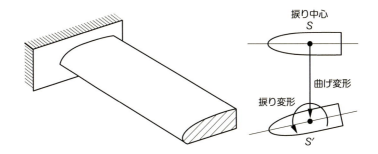

**POINT**
- ◎翼には捩り変形と曲げ変形が生じる
- ◎翼断面の風圧中心と捩り中心は同じ位置ではない
- ◎繰り返し荷重は構造の疲労の原因となる

## 1-5 胴体構造

機体構造にはセミモノコック構造、モノコック構造、トラス構造と3種類があると聞いています。それぞれどのような特徴があるのですか？　昔はトラス構造が主流だったようですが……。

### ◾ セミモノコック構造(semimonocoque construction)

現在の航空機構造に採用されている構造で、フレーム（frame）、外板（skin）、縦通材（longeron、stringer）で構成されています。胴体の断面形状に沿う形のフレームがあり、そのフレームを外板で覆っています。機軸方向には縦通材であるストリンガーやlongeronが取り付けられ、longeronはストリンガーより大きな荷重を受け持つ強力な縦通材として機能します。フレームにはZ型やコの字型断面の部材が用いられます。縦通材の断面はL型、J型、Z型、ハット型（つば付き帽子の断面）などがあります。フレーム、縦通材ともに、小さな断面積（軽量部材）で大きな断面二次モーメント（曲がりにくさ）が得られる断面形状となるように工夫されています。縦通材と外板は、ふつう多くの鋲（rivet）で結合されています。フェールセーフを考慮して、フレームと外板は重ね板（ストラップ）を介して結合されています。

### ◾ モノコック構造(monocoque construction)

フレーム＋外板＋縦通材を組み合わせたセミモノコック構造と異なり、卵の殻のように外板・外皮だけで胴体構造を形成し、胴体に加わるあらゆる荷重に耐えられるように設計する構造です。軽量化の点では優れた構造ですが、大きな荷重が作用する大型機に適用することは困難であり、またフェールセーフの点からも好ましくないため、モノコック構造のみを用いた機体はありません。しかし、航空機に比べて曲げ荷重が小さいロケットの胴体構造には採用されています。

### ◾ トラス構造(truss structure)

セミモノコック、モノコック構造のような外板でも荷重を受け持つ構造に対して、昔は縦通材のような部材で骨組みを組んだトラス構造（truss structure）が用いられていました。トラス構造では、パイプやアングル材によって胴体に加わる荷重をすべて受け持ち、外皮は荷重を全く分担せず、単に形を整えるためだけに用いられました。設計や製造が容易であるという利点はありますが、古くは羽毛を主体とした外皮が用いられたため、現在の航空機のような気密性を確保できません。そのため天候の影響を受けやすく、高速や高高度を飛行する機体や大型機を設計することには適さず、一部の小型機にのみ用いられた構造です。

## セミモノコック構造

圧力による膨張変形などで生じる引張力は外板が受け持ち、曲げ荷重からの圧縮力は外板に代わりストリンガーやlongeronが分担するように設計されている。フェールセーフ（一部が破壊しても構造全体に大きな影響を与えない）を考慮した構造を採用している。

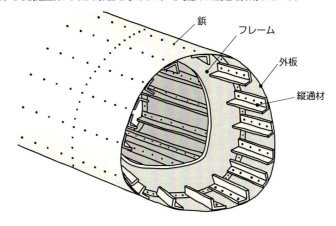

鋲
フレーム
外板
縦通材

## トラス構造

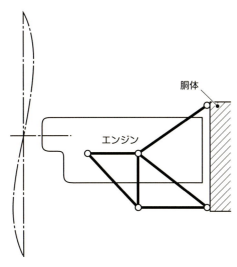

胴体
エンジン

トラス構造は荷重経路がわかりやすく、機体内部の点検もしやすいので、小型機に向いている。

- ◎セミモノコック構造は各部材が異なる荷重を役割分担する主流構造
- ◎モノコック構造はロケットの胴体構造に採用されている
- ◎古くはトラス構造によって設計されたが、小型機のみに適用可能

## 1-6 主翼の構造

主翼には主脚を格納したり燃料タンクを内蔵したりする空間としても利用することがあるということですが、そのためにはどのような構造となっていて、またどのようにして軽くしているのですか?

### ■主翼構造は板材・棒材・薄板を組み合わせた箱型梁

　主翼は、軽量化のためと、主脚をしまう場所や燃料タンクとしての空間利用もあるため、箱型梁(Box Beam)という中空構造になっていることが多い。箱型梁は、桁(spar)、小骨(rib)、縦通材(stringer)、外皮(skin)からなるセミモノコック(semimonocoque)構造となっており、剪断力と曲げモーメントおよび捩りモーメントに対し軽量ながら大きな剛性を確保できる構造様式です。桁、小骨、縦通材には棒材または板材を用います。外皮には薄板を用い、引張応力や剪断応力などの部材面内応力に対して軽量のわりに大変効果的な使い方となっています。外皮は非常に薄いので、変形を抑制するための細かい多数の補強材が桁と平行に取り付けられることがあります。この箱型梁の前桁の前側には丸みを帯びた前縁をつけ、箱型梁の後桁の後ろ側には後縁を尖らせたフラップやエルロンをつけると、いわゆる翼断面形状になります。箱型梁の後ろ側にはフラップやエルロンを動かすためのアクチュエータが収められます。

　燃料タンクとして主翼の内部空間を利用する場合は、インテグラルタンクといってシーラント剤により燃料の漏れをなくすタンク構造としています。飛行機全体の重心は主翼にあるので、主翼の中の燃料を消費していっても重心位置があまり変わらないという利点があります。

　主翼と胴体をつなぐ部分は空気の流れを滑らかにして抵抗力を減らすために、滑らかな曲面で覆われることが多く、これをフェアリング部と呼びます。フェアリング部の中にも広い空間が得られるので、運航用の機材が収納されます。

### ■小型高速機は多桁構造も

　小型高速機では、主翼自体の厚さを非常に薄くしなければならず、それでも大きな剛性を確保するために、必ずしも箱型梁ではなく、高さの低い桁を多数並べた多桁構造になっている場合があります。また、主翼自体の厚さが薄いと外皮に発生する面内引張応力や面内剪断応力が自然に大きくならざるを得ないため、外皮も必ずしも薄くできなくなります。超音速機の主翼構造設計にはこのような難しさがあります。この場合は、主翼の中の空間は高さ方向に狭くまた桁だらけなので内部を利用しづらくなります。

## 箱型梁／セミモノコック構造／インテグラルタンク

箱型梁は、軽量ながら曲げ荷重にも捩り荷重にも変形しにくい構造で、翼の基本的な構造様式となっている。

内部構造

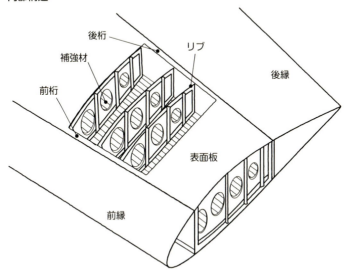

## 超音速機に見られる多桁構造

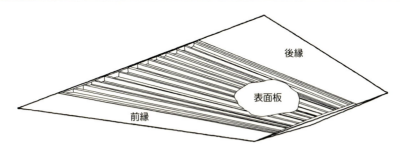

**POINT**
- ◎箱型梁構造は、軽量でありながら大きな曲げ剛性や捩り剛性をもっている
- ◎箱型梁は内部の空間を燃料タンクにすることもできる
- ◎主翼の厚さが薄い高速機では、必ずしも箱型梁にできないことがある

113

## 1-7 尾翼・動翼の構造

航空機の安定飛行・操縦のために、水平尾翼(elevator)、垂直尾翼(rudder)、補助翼(aileron)があり、これらの操舵面には軽量化と振動対策が行われています。では、どのように軽量化と振動対策が行われているのでしょうか?

### ▰動翼の役割と主翼との違い

機体尾部の水平尾翼・垂直尾翼には、航空機を安全に飛行させるための操舵面(動翼)が設置されています。それぞれ異なる役割があり、昇降舵は機体の上下方向の運動(昇降)をコントロールするため、方向舵は機体の左右方向の運動をコントロールするため、補助翼は機体の時計回り・反時計回りの回転運動をコントロールするために設置されています。これらの操舵面は、主翼のように胴体に固定されていません。パイロットの操縦に応じてアクチュエータによって動かされます。そのため動翼とも呼ばれます。この動翼には、動作にともなう大きな空力荷重が舵面に作用します。また操縦性能とアクチュエータへの負担を軽減するため、軽量であることが求められます。この大きな荷重でも変形しないための剛性と軽量化を両立するために、動翼にはハニカムサンドイッチ構造が多く採用されています。

### ▰ハニカムサンドイッチ構造

尾翼・動翼を軽量かつ高剛性な構造として設計するための代表例が、サンドイッチ構造です。そのサンドイッチ構造の中でも、心材(コア)に六角形の蜂の巣(ハニカム)状の箔を用いたものがハニカムサンドイッチ構造です。ハニカムコアの材料としては、アルミニウム合金箔や繊維強化プラスチックなどが一般的です。またコアをサンドイッチする表面板には、FRPやCFRPが近年よく使われています。軽量でありながら曲げ・捩り剛性が高いので、水平・垂直尾翼構造をはじめ、操舵面やフラップ・スポイラーなどの動翼構造にも適用されています。

### ▰フラッター(flutter)

主翼・動翼には、高速飛行中に翼面または舵面の揚力分布が変化することで曲げや捩り振動が発生します。あるとき曲げや捩りが連成した振動が発生し、その振動は曲げ・捩りの単体振動とは異なる激しい振動になる場合があります。このような複雑かつ収束しない自励振動をフラッターといい、翼構造を破壊する危険な振動です。このフラッターを抑制する動翼設計法の一つがマスバランスによる重心位置の調整です。前方にマスバランスを取り付け、舵面の重心と回転軸を一致させます。この作用により動翼の曲げ振動が抑制され、フラッター抑制効果があります。

114

第4章 機体の構造および材料

## 機体構造と操舵翼の概要

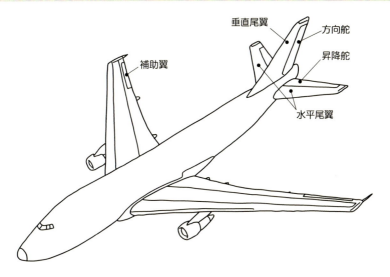

## ハニカム構造とハニカムサンドイッチパネル

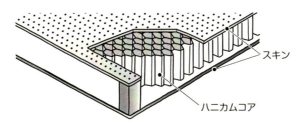

## マスバランスのイメージ図

回転軸より後方の翼の重さと釣り合うように、おもり（マスバランス）を取り付ける。マスバランスの効果により翼の重心と回転中心が一致し、フラッターの発生を抑制できる。

**POINT**
- ◎尾翼・動翼は飛行安定・操縦に欠かせない舵面構造
- ◎ハニカムサンドイッチ構造を用いた軽量・高剛性な動翼構造
- ◎フラッターは翼・動翼設計において重要な問題

115

## 着陸のための脚構造

着陸装置(landing gear)は一般的に脚と呼ばれ、主脚と前脚により構成されています。ジャンボジェット機では重さ約350トンにもなる航空機は、どのようにして安全に離着陸しているのでしょうか？

### ▌脚構造の役割

　脚構造は、離着陸時の衝撃を抑えるための緩衝装置、脚柱、車輪、ステアリング装置、ブレーキで構成されています。また一般的な飛行機では、飛行時の空気抵抗を減らす目的で、離陸後は脚を胴体内に収納する引き込み式の脚構造となっています。滑走路を使わず水面から離着水できる飛行艇などの場合には、離水後も脚が引き込まれずそのまま飛行する機体もあります。

　一般的な旅客機は、駐機場から滑走路まで移動する必要があるため、路面が移動でき、離着陸時に路面を高速で滑走できる必要があります。また着陸時には、フレアにより衝撃が減るよう緩やかに着陸していますが、雨や雪などで滑りやすい路面状況の場合には、あえて降下速度を減速させずに、ドスンッと着陸する場合もあります。そのような着陸時の衝撃を緩衝し、乗客や機体を保護するためにも緩衝装置とタイヤによるエネルギー吸収が重要になります。また離陸後は、限られた滑走路内で安全に減速して駐機場まで移動する必要があります。機体重量が約300トンで着陸速度が時速200kmの機体を安全に制動するためのブレーキ装置も非常に重要です。ちなみに、上記の着陸条件は乗用車約300台の集団が時速200kmで走っていて状況に例えることができ、その運動エネルギーは相当なものです。以上のような滑走、衝撃吸収、制動の機能をすべて満足するように設計されているのが脚構造であり、航空機の安全な離着陸には欠かすことのできない非常に重要な要素です。

### ▌オレオ式緩衝装置

　オレオ式緩衝装置は、油圧やガス圧を利用して衝撃を和らげる装置です。一般的には時速11kmの降下率にも耐えられるように設計されていますが、それ以下の緩やかな着陸に対しても衝撃吸収できるように設計されています。

　衝撃吸収の原理ですが、まず衝撃が加わることでピストンとオリフィス（小穴）の間の作動油が、狭い穴を抜けてシリンダー上流部へ流れます。そのとき、シリンダーの移動速度に対応した動圧抵抗が生じ、またシリンダー上部の窒素ガスも圧縮されるので、気体の圧縮抵抗も生じます。この2種類の抵抗が速度に応じて発生するため、衝撃を吸収できます。

第4章 機体の構造および材料

## 一般的な脚構造の概要と各部の名称

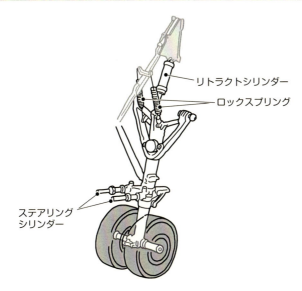

## オレオ式緩衝装置の概要

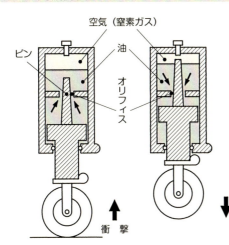

速度に対応した油の動圧抵抗、窒素ガスの圧縮抵抗により、衝撃を吸収している。
また滑走時などの緩やかな衝撃の際は、窒素ガスのみが機能している。

**POINT**
◎脚構造は航空機の安全な離着陸には不可欠
◎滑走、衝撃吸収、制動性能をすべて満足するようにしている優れもの
◎オレオ式緩衝装置を用いて着陸時の衝撃を緩和している

117

## 航空機のタイヤとブレーキ

自動車に比べると航空機の着陸滑走や制動条件は過酷です。高速かつ大重量な航空機の安全な滑走と着陸を実現し、また着陸時の大きな運動エネルギーを制動するブレーキはどのような構造なのでしょうか？

### ◼ タイヤとブレーキ

2輪車用や乗用車用タイヤなどとは異なり、航空機用タイヤ用は数百トンの重さの飛行機を支えながら離着陸を繰り返します。また上空では氷点下、着陸時は路面との摩擦で高温となるため、広い温度範囲の過酷な条件下で使用されます。しかし機体重量を軽く設計するために、航空機用タイヤのサイズと重量は極限まで小さく設計されます。そのためタイヤ一本が受け持つ車輪荷重はほかのタイヤに比べて非常に大きいです（エアバスA380ではタイヤ一本あたり約25トン、乗用車約25台分）。そのような高負荷に耐えるために、航空機用タイヤの充填圧力は、乗用車用タイヤの6倍以上（10〜16kg/cm$^2$）であり、また安全面から窒素ガスが用いられています。

耐熱性も重要な性能の一つであり、着陸時のタイヤ表面温度は滑走路との摩擦により250℃以上にもなります。また周囲環境温度の変化も激しく、フライト時の高度35,000フィート（10,000m）では−45℃まで冷やされます。このような広範囲の温度差にも、航空機タイヤは耐えることが要求されます。

またタイヤはオレオ式緩衝装置とは別の緩衝装置としても機能するため、静荷重状態たわみが30％前後の範囲まで使用されます。そのためタイヤ側面に厳しい曲げ変形が生じます。

以上のような複数の要求性能を過酷な条件で満足させるため、航空機タイヤには天然ゴムが使用されています。約200回程度の離着陸でタイヤのゴム部分（トレッド）が摩耗するため、トレッドを張り替えながら約1,400回使用されます。また航空機タイヤと自動車タイヤとの大きな違いがタイヤの溝（トレッドパターン）です。駐機場から滑走路までの移動時にはコーナリングを行いますが、その際はトーイングカーによる牽引や低速で移動するため、タイヤのコーナリング性能は必要ありません。それよりも滑走路内の直進運動に対するスリップ対策が重要であるので、航空機用タイヤの溝はすべて直線のみとなっています。これは自動車用タイヤとの大きな違いです。また近年では、制動能力と軽量化の観点から、カーボンブレーキが導入されています。従来のスチールブレーキに比べ40％程度の軽量化ができ、耐久性も約2倍に向上しています。

第4章 機体の構造および材料

## タイヤ構造の断面図

これまで主流だったバイアスタイヤに代わり、近年ではラジアルタイヤが使われている。

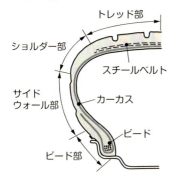

## 飛行機用ブレーキ

飛行機の場合、1つのブレーキにかかる負荷が大きいため、ローターは複数枚装備するのが一般的。また自動車では競技車両に使われるカーボン製が採用されている。

積層されたカーボンブレーキディスク

## 各種飛行機用タイヤ

石川県立航空プラザで撮影
図はすべて航空機専用タイヤで、機体重量に応じて大きさもさまざま。溝がすべて直線なのが自動車用との違い。

**POINT**
◎脚構造とともに航空機の安全な離着陸を支えている航空機用タイヤ
◎過酷な使用環境でも高い性能が要求される航空機用タイヤ
◎カーボンブレーキが導入され、機体重量も軽減された

119

## 2. 機体に使われる材料

## 2-1 軽くて強い材料とは　比強度・比剛性

空を飛ぶためには、飛行機に用いられる材料は軽いものがよいということはわかりますが、そのほかにどんな特性が求められているのでしょうか？

強度は材料や構造の壊れにくさを表し、剛性は材料や構造の変形しにくさを表すものですので、本来は工学的に違う性質です。

### ◼ 壊れにくさと変形しにくさ

材料の壊れにくさは、断面積あたりの力の大きさ（応力）で表し、破壊する値を極限強さ、または材料強度といい、材料を棒状にして引っ張ったときに破壊する応力を引張強度といいます。材料の変形しにくさ（剛性）は、材料が応力を受けたときに、元の大きさに対してどれだけ変形するかの割合（ひずみ）で決まり、ひずみに対する応力を弾性率といいます。材料を棒状にして引っ張ったときの応力とひずみの比を縦弾性率といいます。剛性は応力に対するひずみにくさともいえます。

材料強度も弾性率も材料によって異なります。また、同じ材料でも微妙な組成や製造方法、熱処理などにより材料強度や弾性率を変化させることができるので、材料強度や弾性率の値を書籍やインターネットなどで調べるときは、組成や製造方法や熱処理などにも注意してください。

### ◼ 比強度と比剛性の高い材料

ところで、強度や弾性率が大きいが重い材料と、強度や弾性率が小さいが軽い材料と、どちらを選ぶべきか迷うところです。そこで判断するためには、

・比強度＝材料の強度／密度
・比剛性（または比弾性）＝材料の弾性率／密度

で定義される比強度や比剛性を用いるとよいです。たとえば、材料を棒状にしてある荷重で引っ張ることを想定した場合、引張強度が半分の材料なら断面積を2倍にする必要がありますが、もしその材料の密度が半分なら断面積を2倍にしても重量で損得はありません。ですから飛行機には、軽いわりには強度や弾性率が大きい材料、すなわち比強度や比剛性が大きい材料を使うと重量において利点があります。

### ◼ 強度や剛性の大きい構造様式

強度や剛性を大きくするには、比強度や比剛性の大きい材料を選ぶだけでなく、構造を工夫して強度や剛性を大きくしています。たとえば、「1-6主翼の構造」で述べた箱型梁は、同じ量の材料で（つまり同じ重量で）大きな剛性を得る方法です。

# 第4章 機体の構造および材料

## 応力とひずみ

茹でる前のスパゲティ（長さ$l_1$、断面積$A$）を力$P$で引っ張って伸びが$\Delta l_1$だったときの応力は$P/A$、ひずみは$\Delta l_1/l_1$である。茹でたスパゲティが、引っ張っていなくても長さが伸びて$l_2$になり断面積は変わらず$A$のままだったとする。茹でる前のスパゲティと同じ力$P$で引っ張った伸びが$\Delta l_2$だったときの応力は$P/A$、ひずみは$\Delta l_2/l_2$である。同じ力で引っ張って応力が変わらなくてもひずみは異なる。

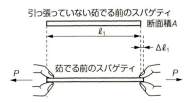
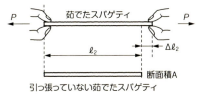

## 強度と剛性は違う性質

お茶碗は変形しにくいが壊れやすい

ゴムは変形しやすいが壊れにくい

## 比強度と比剛性

| 材料 | 比重 | 比強度 | 引張り強さ (kg/mm²) | 比弾性 | 弾性係数 (kgf/mm²) | 方向 |
|---|---|---|---|---|---|---|
| アルミニウム合金(Al7075) | 2.80 | 20 | 56 | 26×10 | 7.2×10³ | |
| チタン合金(Ti-6 Al-4V) | 4.5 | 27 | 121 | 29×10 | 13.0×10³ | |
| CFRP(高強度タイプ) | 1.49 | 208 | 310 | 114×10 | 17.0×10³ | L |
| | | 80 | 119 | 44×10 | 6.6×10³ | QI |
| CFRP(高弾性タイプ) | 1.57 | 134 | 210 | 236×10 | 37.0×10³ | L |
| | | 51 | 80 | 92×10 | 14.4×10³ | QI |
| CFRP(高弾性タイプ) | 1.56 | 80 | 125 | 173×10 | 27.0×10³ | L |
| | | 31 | 48 | 67×10 | 10.5×10³ | QI |

L：繊維方向　QI：擬似等方性積層板

◎強度と剛性は異なる性質である
◎比強度や比剛性の大きい材料は飛行機に重要
◎構造を工夫して強度や剛性を大きくすることもできる

121

## 機体構造の劣化と安全性

飛行機には、いろいろな要素が重なることから機体の劣化は避けられないようですが、それでも安全の確保は重要です。どうやって安全を確保できるように設計しているのですか？

　安全設計手法は、安全率による設計、安全寿命（セーフライフ）設計、フェールセーフ（Fail Safe）設計、損傷許容設計と進化してきました。

### ◤設計には不確定要素も盛り込む

　安全率による設計においては、運用期間中に作用すると予想される最大荷重を制限荷重と定義し、制限荷重においては有害な残留変形がないことと、安全な運用を妨げる変形がないことを目標にして設計します。また、制限荷重×安全率を終極荷重と定義し、制限荷重より大きな荷重が作用する可能性や、設計時には想定されなかった材料の劣化や製造・使用中の劣化、設計・解析の不確かさなどを安全率に取り込みます。終極荷重において瞬時には破壊しないことを目標にして設計します。

　安全率は静荷重に対しては有効ですが、繰り返し荷重による構造の疲労を規定していないので、安全寿命設計において、目標とする飛行機の寿命に寿命安全係数を掛けた期間については安全性を確保する設計とすることにしています。疲労損傷は、繰り返し荷重による亀裂の進展や接着部分のはがれなどのほか、材料の腐食などにも起因します。ある構造部材が破壊、あるいは亀裂（クラック）が発生しても、直ちに全体破壊にまで進展させない構造上の工夫をフェールセーフといいます。

### ◤不具合の拡大を考慮する

　飛行機には総飛行時間や離着陸回数などによって定められる定期検査があり、この検査で傷、亀裂、腐食、変形などの発見に努めています。検査装置や検査技術の能力には限界もあり、どんな小さな損傷でも必ず発見できるというわけではありません。そこで機体構造に傷、亀裂、腐食、変形、何らかの衝突痕があったとしても、運用中の点検や定期検査によってある大きさ以上のものは見つけ出して修理し、検査能力の限界から見つけ出せなかったものがあっても、次の検査までの期間は構造に致命的な破壊を起こさせないで安全に使用できる性質をもたせる設計とすることを、損傷許容設計といいます。損傷を発見できる能力の限界と、運用中のその損傷の拡大を考慮してフェールセーフ設計を行います。検査での発見のみならず、鳥の衝突やプロペラやジェットエンジンファンブレードの損傷など偶発事故による損傷も含めて、構造に致命的な破壊を起こさせないで使用できる性質をもたせます。

第4章 機体の構造および材料

## ✪ フェールセーフ設計の例

万一どこかの構造要素が破損しても、破損するのは部分的な範囲にとどまらせて全体破壊に至らないように構造を工夫する設計がフェールセーフである。

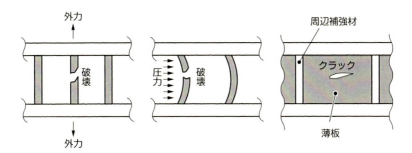

(a) 荷重パス冗長構造

もしひとつが壊れても別の荷重パス（経路）が負荷できる構造

(b) バックアップ冗長構造

もしひとつめの構造が壊れても同様の構造がもうひとつある構造

(c) クラック進展抑制構造

もしクラック（き裂）が生じても周辺補強材により隣へ進展しない構造

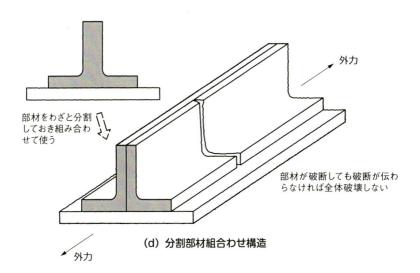

(d) 分割部材組合わせ構造

- ◎安全率の考え方による機体強度設計
- ◎安全寿命の考え方による機体寿命設計
- ◎万一損傷しても安全に飛べるフェールセーフ設計、損傷許容設計

123

## 2-3 飛行機材料の変遷

飛行機の材料には軽さが求められることから、適する材料は限られたと思います。最初はどんな材料が用いられ、そしてどのように移り変わっているのでしょうか？

　飛行機の材料には「軽くて強い」ことが求められます。一般に軽い材料は弱く、強い材料は重いことが多いです。たとえば、木やプラスチックは水に浮くほど軽いですが、人の手で簡単に折ることができます。一方、鉄は手で引きちぎるのは無理なくらい強いですが、重いです。このように材料の「軽さ」と「強さ」は相反する性質なのです。そこを同時に満たす必要があるため、飛行機に適した材料は自ずと限られてきます。

### ◾️最初は木材や布で、現在はアルミニウム合金とCFRPが主流

　1903年に初飛行したライト兄弟のライトフライヤー号の材料は、主に木材と布でした。第1次世界大戦中には早くも金属でできた飛行機が登場します。その後、現在に至るまで、飛行機の主な材料としてアルミニウム合金が最も使われています。2000年代に入るとアルミニウム合金に加え、プラスチックが胴体や主翼などにも用いられるようになってきました。ただし、プラスチックといっても通常のプラスチックではなく、炭素繊維を中に含んだ炭素繊維強化プラスチック（Carbon Fiber Reinforced Plastic；通称CFRP）が使われています。大型民間機のBoeing 787やAirbusのA350では構造重量の実に半分以上を占めています（上図）。

　民間の大型機ではCFRPの割合が増えていますが、小型機や中型機では使用実績が高く、価格も安いアルミニウム合金が多く使われています。たとえば、YS-11以来の国産ジェット旅客機である三菱のリージョナルジェット機、MRJではアルミニウム合金が83％、CFRPが9％であり、主翼や胴体はアルミニウム合金製です。

### ◾️チタン合金や鉄鋼材料も使われている

　アルミニウム合金やCFRP以外に飛行機に用いられる材料としては、チタン合金や鉄鋼材料があげられます。チタン合金はジェットエンジンのファンブレードやディスクに用いられます。アルミニウム合金よりも重いですが、鉄よりは軽く、耐食性に優れているのが特徴です。ただし、加工性が悪いという弱点があります。鉄鋼材料はアルミニウムに比べると3倍近く重いため、飛行機材料としては不向きなのですが、着陸時の衝撃を受ける脚には、エネルギー吸収に優れる点を生かして、昔から鉄鋼材料が用いられています。

第4章 機体の構造および材料

## ボーイング、エアバス社の大型民間旅客機の構造材料比率

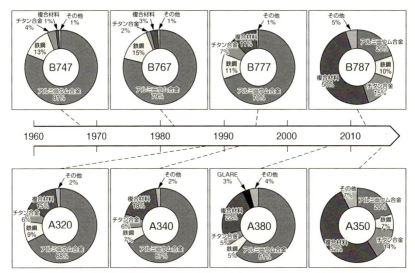

出典：中沢隆吉、伊原木幹成「航空機におけるアルミニウム合金の利用の概況と今後」『日本鍛造協会』JFA No.45、P.18

## B787の複合材料使用箇所

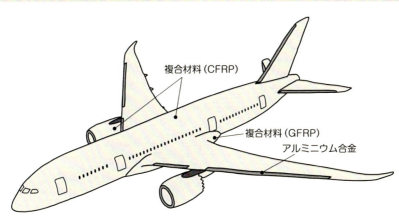

> ◎飛行機に使う材料は「軽くて強い」ことが必要
> ◎現在の飛行機の主な材料はアルミニウム合金
> ◎大型機ではCFRPが胴体や主翼に用いられている

125

## 飛行機で最も使われるアルミニウム合金

軽くて強いことからアルミニウム合金が使われるようになったことはわかりましたが、飛行機にはどのような種類のアルミニウム合金が使われているのですか？

　飛行機で最も使われている材料はアルミニウム合金です。アルミニウム合金といってもさまざまな種類があります。アルミニウムを含め、金属材料はさまざまな元素を添加し、熱処理を加えることで従来の単体金属では有していない性質を発揮させることができます。飛行機で使用しているアルミニウムは本来、強い材料ではありません。材料の強さは引張強度で比較できます。純粋なアルミニウムの引張強度は100MPaほどで、鉄の約1/4しかありません。ところが、このアルミニウムに銅が4％ほど添加された「ジュラルミン」になると、鉄と同じ400MPa程度の引張強度をもつようになります。よって、密度は鉄の約1/3で強度は鉄に匹敵するため、まさに軽くて強い材料と呼べます。

### ▮アルミニウム合金の種類

　アルミニウムは添加する元素により、1000番台から7000番台と大きく7種類に分類されています（上図）。このうち飛行機でよく用いられているアルミニウムは2000番台と7000番台です。2000番台のうち、2024の記号で知られる「超ジュラルミン」と、7000番台のうち、7075の記号で知られる「超々ジュラルミン」がとくによく用いられてきました。現在の新しい飛行機では、改良型の2524や7150が使われるようになっていますが、合金の基本的な構成は同じです。すなわち、2000番台のAl-Cu-Mg系合金（銅とマグネシウムとの合金）と7000番台のAl-Zn-Mg系合金（亜鉛とマグネシウムとの合金）が用いられています。

### ▮ハイブリッド化で弱点を補う

　2000番台、7000番台のアルミニウム合金は高強度を有することから、両者を合わせて「高強度アルミニウム合金」と呼んでいます。これらの高強度アルミニウム合金は、強度の面では優れているのですが、その反面、耐食性に劣るという弱点があります。その弱点を補うために、通常、飛行機の外板には「クラッド材」と呼ばれる材料を用いています。これは、高強度アルミニウム合金の外側に耐食性の高いアルミニウムを貼り付けたものです（下図）。強度は内側の高強度アルミニウム合金が受け持ち、耐食性は外側の純度の高いアルミニウムにもたせるいわゆるハイブリッド材料になります。

## アルミニウム合金の分類

材料の強さを比較するのに、その材料の単位面積あたりに吊り下げることができる重さで比べることがある。これを引張強度と呼ぶが、高純度のアルミニウムはこの値は低い。そのため合金にすることで、いろいろな性質を高めている。

| 合金の分類 | 合金成分 | 特徴 |
| --- | --- | --- |
| 1000番台 | 純度99%以上のAl | 耐食性、成形性に優れるが強度は低い |
| 2000番台 | Al-Cu-Mg系 | 高強度だが耐食性に劣る、航空機でよく使用 |
| 3000番台 | Al-Mn系 | 耐食性、成形性に優れる |
| 4000番台 | Al-Si系 | 耐摩耗性に優れる |
| 5000番台 | Al-Mg系 | 耐食性、成形性に優れる |
| 6000番台 | Al-Mg-Si系 | 中程度の強度 |
| 7000番台 | Al-Zn-Mg系 | 高強度だが耐食性に劣る、航空機でよく使用 |

## クラッド材の断面

クラッド材は合わせ板とも呼ばれ、高強度Al合金からなる心材に純度の高いアルミニウムを皮材として貼り合わせたもの。皮材のアルミニウムが心材の高強度Al合金を腐食から守る役割をする。

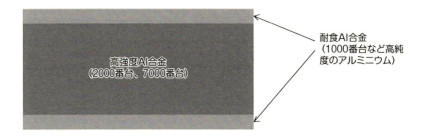

**POINT**
- ◎アルミニウム合金には添加元素によりさまざまな種類がある
- ◎飛行機でよく使われるアルミニウム2000番台と7000番台の高強度アルミニウム合金
- ◎耐食性を付与するためにクラッド材が用いられている

## 2-5 金属から複合材料へ

昨今、さまざまな新素材が登場し、幅広い分野で活発に利用されるようになっています。複合材料もその一つで、軽量化と高強度化に一役買っています。飛行機にはなにがどこに使われていますか？

　飛行機では、アルミニウム合金が主要材料ですが、最近の大型民間機では複合材料も用いられるようになっています。その複合材料とは、先にも説明したCFRP（炭素繊維強化プラスチック）です。プラスチックは軽いのですが、それだけだと飛行機にかかる荷重を支えられないため、炭素繊維を加えて強度を増すようにしています。密度は約1.7g/cm³とアルミニウムの約半分、引張り強度は1,500MPaと鉄の約3倍もあり、まさに軽さと強さが両立したうってつけの材料です。ただし、その強さにはカラクリがあります。繊維方向の強度は高いものの、繊維と垂直方向では樹脂の強度（50MPa程度）しかありません。そこでどの方向から荷重を受けても大丈夫なように、繊維方向をさまざまに変えて積層した積層板にしています（上図）。

### ▮最初は二次構造部材として

　CFRP積層板が用いられ始めた当初は、エレベーターなどの舵面など壊れても問題のない二次構造部材に限定されました。その後徐々に水平、垂直尾翼などの一次構造部材にも使用されるようになり、787やA350ではついに胴体や主翼にも用いられ、構造重量の実に50％以上を占めるまでに至っています（2-3項上図参照）。CFRP積層板は、長繊維の炭素繊維が入った半硬化したシートを数枚から十数枚重ねて、温度と圧力を加えて成形します。このため、787などの大型民間機の胴体の一部がそのまま入るような大型の釜（オートクレーブ）も存在します。

### ▮軽量で高強度だが、高価で特有の欠点も

　CFRP積層板は、確かに飛行機にはもってこいの材料なのですが、短所もあります。まずは価格が高いことです。また、積層板特有の短所として、工具の落下やバードストライクなどの衝撃を受けた際に外側は大丈夫そうに見えても、重ねたプリプレグの間にすき間が生じる、いわゆる「層間剥離（デラミネーション）」と呼ばれる欠陥が生じることがあります（下図）。金属材料の場合は外側から衝撃を受けたときには外側がへこむだけで、内部に欠陥が生じることはないのですが、CFRP積層板の場合はそれが起こり得ます。この内部欠陥は目視では発見が困難なため、CFRP積層板を用いる際のネックとなっています。また、耐雷性やリサイクル性についても金属材料と比較すると劣るといわれています。

第4章 機体の構造および材料

## 飛行機で用いられるCFRP積層板

CFRP積層板は、プリプレグと呼ばれる長繊維の炭素繊維にプラスチックを含侵させた半硬化シートを繊維方向を変えて数枚から数十枚重ねて作られている。

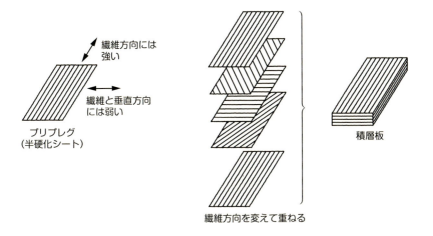

## CFRP積層板に生じる層間剥離の模式図

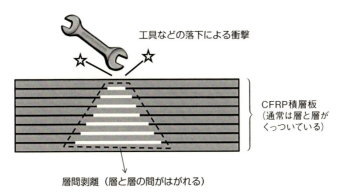

◎飛行機で使う複合材料はCFRPと呼ばれる炭素繊維強化プラスチック
◎大型民間機では胴体や主翼にCFRP積層板が使用され、構造重量の半分を占める
◎層間剥離というCFRP積層板特有の欠陥が生じることがある

## 2-6 これからの飛行機材料

これまではアルミニウム合金が主要な構造材料でしたが、近年では大型旅客機にCFRPが用いられるようになっています。これからの飛行機の材料はどのように変わっていくのでしょうか？

　飛行機用材料は、ビルや橋梁などの構造物、自動車や鉄道などの輸送機関とは異なり、「強さ」とともに「軽さ」も求められるのが最大の特徴です。そのため使える材料は自ずと限られてきます。元素の観点から見ると、原子番号の小さい材料が軽さの点からは優れていることになります。アルミニウム（Al）は原子番号13で、金属元素の中ではリチウム（Li：原子番号3）、ベリリウム（Be：原子番号4）、ナトリウム（Na：原子番号11）、マグネシウム（Mg：原子番号12）の次に軽い元素です。

### ◤アルミニウム合金は最も適した材料

　材料を構造物や輸送機器などに用いる際には、その材料の入手しやすさも重要になってきます。飛行機は自動車のように大量生産されるわけではないので、多少高価な材料を用いても構わないのですが、それでも安くて信頼性のある材料を用いるに越したことはありません。上にあげた元素のうち、Alは地殻中に豊富に存在することがわかっています（上図）。実はAlは資源として見ると、現在最も生産量の多い鉄よりも豊富に存在しているのです。また、Alは加工もしやすく、電気伝導性にも優れます。電気伝導性は、飛行機が被雷したときに重要になってきます。電気伝導性が低い材料だと、雷撃を受けた際に電気が機体に溜まってしまい、燃料に引火する恐れがあります。Alは電気をよく流す性質をもつため、雷を受けても大気中にその電気をすばやく逃がすことができるのです（下図）。Alは金属材料なので、金属材料の宿命である錆、すなわち腐食を避けることができませんが、2-8項で述べる陽極酸化などの表面処理で耐食性を向上させることができます。以上述べたような観点から、Alはまさに航空機にもってこいの材料なのです。これからの飛行機にもAlが用いられることは変わらないでしょう。とくに小型・中型機では、CFRPを用いてもスケールメリットがないため、軽量化にはさほど貢献できず、今後もアルミニウム合金が主要構造材料になると思われます。

　アルミ合金自体の改良・開発も進んでおり、一部の航空機では新材料のアルミーリチウム（Al-Li）合金も用いられています。Liは上に述べたように原子番号3の非常に軽い元素であるため、Alに混ぜることによって、材料のさらなる軽量化を目指しています。

第4章 機体の構造および材料

## 地殻中の元素の存在割合（クラーク数）

| 順位 | 元素 | 原子番号 | クラーク数 | 累計 |
|---|---|---|---|---|
| 1 | 酸素 | 8 | 49.5 | |
| 2 | ケイ素 | 14 | 25.8 | |
| 3 | アルミニウム | 13 | 7.56 | |
| 4 | 鉄 | 26 | 4.7 | |
| 5 | カルシウム | 20 | 3.39 | 90.95 |
| 6 | ナトリウム | 11 | 2.63 | |
| 7 | カリウム | 19 | 2.40 | |
| 8 | マグネシウム | 12 | 1.93 | |
| 9 | 水素 | 1 | 0.87 | |
| 10 | チタン | 22 | 0.46 | 99.24 |
| 11 | 塩素 | 17 | 0.19 | |
| 12 | マンガン | 25 | 0.09 | |
| 13 | リン | 15 | 0.08 | |

| 順位 | 元素 | 原子番号 | クラーク数 | 累計 |
|---|---|---|---|---|
| 14 | 炭素 | 6 | 0.08 | |
| 15 | 硫黄 | 16 | 0.06 | |
| 16 | 窒素 | 7 | 0.03 | |
| 17 | フッ素 | 9 | 0.03 | |
| 18 | ルビジウム | 37 | 0.03 | |
| 19 | バリウム | 56 | 0.023 | |
| 20 | ジルコニウム | 40 | 0.02 | |
| 21 | クロム | 24 | 0.02 | |
| 22 | ストロンチウム | 38 | 0.02 | |
| 23 | バナジウム | 23 | 0.015 | |
| 24 | ニッケル | 28 | 0.01 | |
| 25 | 銅 | 29 | 0.01 | 99.95 |

## 飛行機に雷が落ちた場合

アルミニウムでできた飛行機

雷による電流はアルミニウム表面を流れ、大気中にすみやかに放電

CFRPでできた飛行機

アルミニウムに比べて雷による電流が流れにくいため、雷撃損傷を受けやすい

POINT
◎これからの飛行機の材料もやはりアルミニウムが用いられる可能性大
◎大型機ではCFRP、小型・中型機ではアルミニウム合金が主となる
◎Al-Li合金など航空機用新材料の開発も進んでいる

## 2-7 飛行機が飛ぶ環境

旅客機ははるか上空を飛んでいます。そこはわれわれが接したことのない低温と低圧の世界です。その環境は飛行機にとっても厳しいものと考えられますが、どのような影響があるのでしょうか？

旅客機は通常、高度約10,000mの上空を飛行しています。この高度の空気密度がジェットエンジンの燃焼にとって最も効率がよいことと、西向きの強い風（ジェット気流）が吹いていて、燃費をかせげるからです。ただし、ここでの環境は飛行機の材料にとって過酷です。「気温」と「気圧」が地上とは大きく異なっているからです。約−50〜−60℃にまで気温は低下します。それなのに客室内が快適なのは、空調設備と断熱材のおかげです。飛行機の胴体には断熱材が敷き詰められています。皆さんの家の外壁と同じように、力を支えるアルミニウム合金やCFRP製の外板と内側の内装パネルとの間に断熱材が入れられています（上図）。

### ■ 与圧で胴体はふくらむ

次に気圧です。高度10,000mでは、気圧は地上の約1/5、0.2気圧ほどしかありません。では客室内は何気圧でしょうか。地上と同じ1気圧だとお思いかもしれませんが、実は飛行中の客室内は0.8気圧と地上よりも若干低めに保たれています。ちょうど富士山の5合目と同じレベルです。

乗客が酸素マスクなどをしなくても快適に過ごせるように、客室内の気圧を高めることを「与圧」といいます。なぜ1気圧まで与圧をしないかおわかりでしょうか。1気圧まで与圧すると飛行機の胴体にとって厳しくなるからです。飛行機の外側の圧力が0.2気圧で、客室内の圧力は0.8気圧だとすると、その差は0.6気圧になります。この気圧の差により、上空を飛んでいる飛行機は大げさにいえば若干ふくらみ続けることになります（下図）。この圧力差により、胴体には円周方向に引張力が働きます。この引張力に打ち勝つように胴体の外板厚さが決められています。もし、客室内の圧力を1気圧まで高めると外気圧との圧力差は0.8気圧になり、胴体にかかる引張力はさらに大きくなります。それに打ち勝つために胴体の厚さを厚くしていくと、その分重量が増して、下手をすると飛行機は飛べなくなってしまいかねません。乗客のことを考えなくてよいのであれば、実は与圧をしないのが飛行機の胴体にとっては都合がいいのです（ただし、この措置を講ずると、乗客は酸素不足で意識朦朧となり、そのまま帰らぬ人となってしまうので無理なのですが…）。

気温と気圧による影響以外では、海塩粒子による腐食や被雷が問題になります。

第4章 機体の構造および材料

## 🔩 飛行機の断熱構造

　-50℃という低温環境から客室内を守るために、旅客機の胴体外板と内装パネルとの間には断熱材が敷き詰められている。

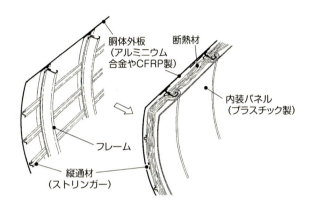

## 🔩 与圧による胴体への負荷の模式図

　上空10,000mでは気圧が0.2気圧と低く、胴体は若干ふくらむ。これにより胴体外板には引張の負荷がはたらくことになる。

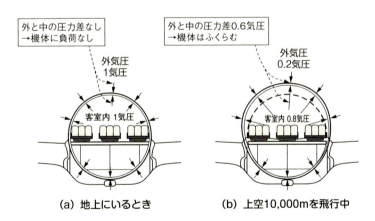

(a) 地上にいるとき　　(b) 上空10,000mを飛行中

> **POINT**
> ◎飛行機が飛ぶ環境は気温-50℃、気圧0.2気圧と地上とは全く異なる
> ◎客室内で快適に過ごせるのは、断熱材と与圧のおかげ
> ◎与圧により、飛んでいる飛行機の胴体はふくらんでいる

133

## 材料を環境から守るには

飛行機は低温・低圧の状況のなか、高速で移動するという環境下におかれています。それだけにほかの移動体とは違う環境対策が必要になっているのではないでしょうか？

　飛行機の材料を環境から守る手段としては表面処理があげられます。その表面処理には、「めっき」「化成処理」「陽極酸化」の3つがあります。

　めっきは古来よりある表面処理技術で、奈良・東大寺の大仏にも昔は金めっきが施されていたそうです。めっきを簡単にいえば、材料の表面を金属の膜で覆う表面処理で、めっきする対象物に電気を流す「電気めっき」と、電気を流さずにめっき浴中に含まれる薬品の酸化還元反応を利用する「無電解めっき」とに大きく分けられます。飛行機では脚などの鉄鋼材料にカドミウムやクロムなどのめっきが施されます。

　化成処理は、薬品に金属材料をしばらく浸漬して、その表面に皮膜を形成する処理のことをいいます。飛行機で使用する化成処理は、薬品にクロム酸を使用します。主に胴体の外板である2000番台のアルミニウム合金にこの化成処理がなされます。

　陽極酸化処理は、アルミニウム合金に可能な表面処理です。アルミニウムはもともと表面にナノオーダーの薄い酸化皮膜を形成することで耐食性を発揮します。ただしこの皮膜は薄いために欠陥部があるとそこから腐食します。そこでさらに耐食性を上げるために、この酸化皮膜を人工的に厚くする処理があります。硫酸やクロム酸などの溶液中にアルミを浸漬し、外部電源を用いてアルミニウムに電圧をかけると皮膜が厚く成長します。数$\mu m$から数十$\mu m$まで成長させることができます（上図）。この処理を陽極酸化処理といい、飛行機ではフレームやストリンガーなどの骨組み材に、この処理が施されています。

### ◪ CFRPが腐食を加速する？

　アルミニウム合金には腐食対策のため、上記のような処理を施しますが、787やA350のようなCFRPが主体の飛行機では、CFRP自身は腐食しないため、そのような処理は不要です。ただしCFRP中に含まれる炭素繊維は電気の良導体で、かつイオン化傾向が小さいため、接するほとんどすべての金属の腐食を加速する「ガルバニック腐食」という新たな問題を生じています（下図）。現在のところ、CFRPとアルミニウムとの間を絶縁する、あるいはCFRPと金属とを接して用いたい場合には、チタンを使うことでこの問題を回避しています。チタンはCFRPとの電位差が小さいため、CFRPと接して用いてもガルバニック腐食は生じないといわれています。

第4章 機体の構造および材料

## ✿ 陽極酸化皮膜の模式図

アルミニウムはもともと表面にナノオーダーの薄い酸化皮膜を形成することで耐食性を発揮する。この薄い酸化皮膜のことを不働態皮膜という。陽極酸化処理は、この酸化皮膜を人工的に厚くする処理。

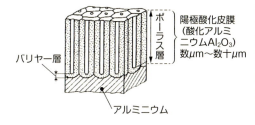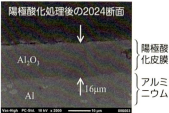

## ✿ ガルバニック腐食したアルミニウム合金の写真

異なる金属が接して用いられると、腐食しやすい金属の腐食がより加速される。この現象を異種金属接触腐食(ガルバニック腐食)と呼ぶ。

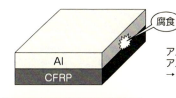

アルミとCFRPとを接して用いるとアルミの腐食が加速される
→　ガルバニック腐食

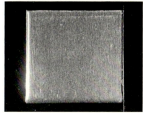

(a) 食塩水中に単独浸漬
　　→　ほとんど腐食せず

(b) 食塩水中にCFRPと接触させて浸漬
　　→　腐食により多数の孔が発生

◎飛行機材料に用いられる表面処理は、「めっき」「化成処理」「陽極酸化」の3つ
◎陽極酸化処理は、アルミニウム特有の表面処理
◎CFRPの使用増加により、ガルバニック腐食と呼ばれる新たな腐食の問題

135

## COLUMN 4

# 客室座席の
# 衝撃吸収機構

　旅客機客室座席の脚の部分をよく見ると、写真のように斜め材が入っていることに気づかれるかもしれません。縦の2本の脚はそれぞれ両端がピン結合になっているので、座席の下の長方形を維持するためには対角線のところに斜め材が必要になります。斜め材がないと長方形は潰れてしまいます。斜め材があるので、長方形は平行四辺形にならずに椅子の脚の形を保っています。

　もし縦の2本の脚の両端をがっちり固定すれば、斜め材なしでも平行四辺形にならず椅子の形を保つことができるはずですが、両端をわざとピン結合にしてあるのです。斜め材は、円筒の中に丸棒が入っていて、丸棒の先には円筒の内径を押し拡げる形状の塊が取り付けられています。座席に乗客が座って体重がかかったぐらいでは斜め材の全体長さは変化しませんが、もっと大きな力で丸棒が引っ張られると塊が円筒内径を塑性変形させながらずれていき、全体長さが伸びます。

　緊急時などで、シートベルトを締めて座席に座っている乗客が急激に前方に力を受けたとき、この斜め材が無理やり伸ばされて長方形が平行四辺形に潰れますが、このときに円筒を塑性変形させる力が乗客にかかる衝撃力を減らします。斜め材が受け持つ変形エネルギーの分だけ乗客が受ける衝撃エネルギーが減ります。潰れながら乗客を守る考え方は、自動車が衝突した際、ボディーの変形による衝撃エネルギー吸収に似ています。

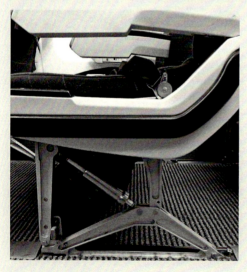

136

# 第5章
# 自動飛行を実現する制御システム

Control Systems For Automatic Flight

## 1. 飛行機の動き

### 自動飛行させるのにはなにが必要か？

離陸したのち、水平飛行に移ると旅客機などは自動飛行に入ると聞いています。自動飛行とはどのようなことをどのように行っているのでしょうか？

#### ■コンピューターが飛行機を操る

　自動飛行とは、パイロットに代わって、コンピューターが飛行機を操縦することです。このコンピューターは、飛行機の速度、姿勢の制御を基本とし、これらが所望の値になるようにして、①指定された飛行経路に沿うように飛行機を制御し、②出発地での離陸～目的地への着陸までの飛行ルートをさまざまな飛行経路を組み合わせて実現する、といったことを行います。①では、離陸、上昇、旋回、水平飛行、下降、着陸といった決められた飛行経路から逸脱しないように速度、姿勢を制御しています。②では、①での飛行経路実現の制御に加えて、どのような状態で、次の飛行経路に移るかといったことをそのときの気象状況、飛行機の重量などを考慮しながら決定しています。3重のループ構成で自動飛行を実現しています。

#### ■誘導制御系は飛行機を自動飛行させる頭脳

　この自動飛行を実現するための核は誘導制御系です。誘導制御系は、飛行機ダイナミクスを制御対象として、航法、誘導、制御の3つの部分で構成されています。航法では、位置、速度、姿勢、姿勢角、姿勢角速度、迎角、横滑り角といった飛行機の飛行状態に関する情報を取得しています。

　誘導では、航法で得た飛行機の状態と、指定された飛行経路とのずれを計算し、どの飛行状態の変数をどう変化させればよいかのコマンドを制御系へ与えます。制御系では、与えられた変数がコマンドどおりの値になるように、エンジンの推力を変化させたり、舵面を動かしたりします。飛行機の場合、舵面を動かすことにより発生する力やモーメントを制御に利用しています。この動かし方を決めるのが制御則です。この制御則に基づいた推力や舵面変化の結果、飛行機の速度、姿勢が変わりますから、これを再度、航法で測定し、指定された飛行経路のずれの小ささや所望の範囲に入っているかをチェックします。チェックの結果、十分でない場合には引き続きコマンドが与えられ続けます。この操作はコンピューター上では1～10ms（1ms＝1/1000秒）単位で繰り返されます。制御則によって変わった速度、姿勢を測定し、新たに誘導制御系への入力として使用しています。これをフィードバックと称し、これにより形成されるループをフィードバックループといいます。

第5章 自動飛行を実現する制御システム

## 飛行機制御における3重ループ

自動飛行に使われるコンピューターは、Flight Control Computer(FCC)あるいはFlight Management Computerと呼ばれている。

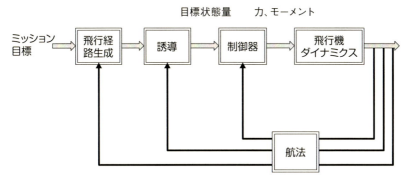

## フィードバック制御

誘導制御系は、これらの情報を得るために、慣性航法装置をはじめとする各種センサを用いて必要な情報を得ている。

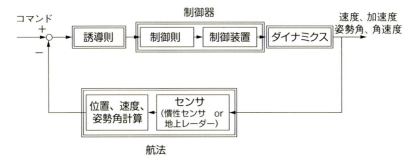

◎全体の自動飛行は、FCCが管理。自動制御には航法、誘導、制御が必要
◎航法では飛行機の位置、速度、姿勢、姿勢角速度などの飛行状態を把握
◎誘導は目標の飛行状態を時々刻々生成、制御はそれを実現すべく作動

## 飛行機の運動はどのように定義されるか？

空間を立体的に飛行する飛行機は、自動車などと比べるとより複雑な動きをしていることはわかります。その複雑な動きはどう表されているのですか？

### ■飛行機の運動は「6自由度運動」

飛行機は三次元空間を運動しているので、その動きは前後方向、左右方向、縦方向となります。また機体は常に水平ではなく、進行方向に対して回転したり、機首が上下に動いたり、あるいは左右に向くこともあります。このような運動は、並進の運動3自由度、回転の運動3自由度と称され、それらを数学的に記述するために、座標系（慣性空間座標系と機体に固定した機体固定座標系）を用います。

機体固定座標系とは、重心位置を原点として機首方向をX軸、その右側をY軸、鉛直方向をZ軸となるように機体に固定した座標系のことです。慣性空間固定座標系は、原点およびX、Y、Zの取り方はXYZを右手直交系にしなくてはならない点を除いて、自由に設定できます。地上に設定した慣性空間固定座標系は、飛行機の運動に左右されることのない基準となり、地上固定座標系と称されます。

### ■位置や速度などは座標系で表す

飛行機の位置は、機体固定座標系の原点を慣性空間固定座標系で表します。速度は機体固定座標系で計測したものを座標変換行列を用いて、慣性空間固定座標系で表します。機体に作用する力、モーメントは機体固定座標系で表します。

機体固定座標系と慣性空間固定座標系間の角度関係は、オイラー角により規定されます。オイラー角は姿勢角を表す角度でもあり、$\psi$、$\theta$、$\phi$の3つの角度で規定されます。規定の仕方は、上図右に示すように、慣性空間固定座標機の各軸を、Z、Y、Xの順に回していき、機体固定座標系に一致したとします。それぞれの軸周りの回転角度は順に$\psi$、$\theta$、$\phi$で規定され、ヨー角、ピッチ角、ロール角と称されます。

ここまでは、三次元を運動する三次元の物体にすべて共通していますが、飛行機の場合には、下図に示すように、迎角、横滑り角、経路角が必要になります。迎角は、速度方向のXZ平面上での速度方向が機体X軸となす角度で、これがあることにより、揚力が発生します。横滑り角は、速度方のXY平面上での速度方向が、機体X軸となす角度です。経路角は、速度方向が水平面となす角度で、図のように迎角とピッチ角の関係により決まります。すなわち、飛行機は、機体固定座標系のX軸方向に進んでいるのではなく、ちょっとずれた方向に進むこともあります。

## 第5章 自動飛行を実現する制御システム

### ⚙ 地上固定座標系と機体固定座標系　　⚙ 姿勢を定義するオイラー角

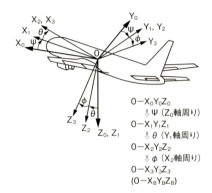

$O-X_0Y_0Z_0$
⇩ $\psi$ ($Z_0$軸周り)
$O-X_1Y_1Z_1$
⇩ $\theta$ ($Y_1$軸周り)
$O-X_2Y_2Z_2$
⇩ $\phi$ ($X_2$軸周り)
$O-X_3Y_3Z_3$
$(O-X_BY_BZ_B)$

### ⚙ 迎角、横滑り角、経路角

(a) 仰角と横滑り角

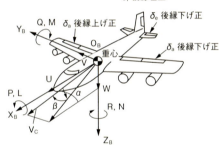

$\alpha$：迎角
$\beta$：横滑り角
$O_B-X_BY_BZ_B$：機体固定座標系
　($O_B$＝重心)

(b) 経路角

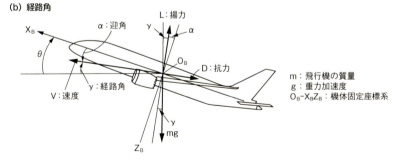

$m$：飛行機の質量
$g$：重力加速度
$O_B-X_BZ_B$：機体固定座標系

**POINT**
◎飛行機の6自由度運動は機体固定座標系を用いて記述、地上に対しては、慣性空間固定座標系を基準に位置、姿勢を規定
◎$\psi$、$\theta$、$\phi$のオイラー角は、ヨー角、ピッチ角、ロール角

141

## 飛行機の運動特性「縦モードと横・方向モード」

飛行機は前後左右に加え、上下にも動くことから、動きはより複雑になることはわかりました。その動きには飛行機特有のものもあるのでしょうか？

### ◾️飛行機にある空力特性を反映した固有の運動モード

　飛行機の運動は、互いに連成しない縦と横・方向の運動に分けて記述することができます。縦の運動は、機体固定座標系の$X_B$軸方向および$Z_B$軸方向の並進運動と、$Y_B$軸周りの回転運動からなります。横・方向の運動は、機体固定座標系の$Y_B$軸方向の移動と、$X_B$軸周りと$Z_B$軸周りの運動からなります。

　これらの運動を記述するのが運動方程式です。運動方程式は、飛行機の運動特性を表します。基本は剛体の並進・回転運動の方程式に舵面を動かすことにより発生する空気による力、モーメント、あるいは迎角、横滑り角が変化することにより発生する空気による力、モーメントで記述されています。これら空気による力、モーメントは主翼、尾翼、胴体といった機体形状によって異なります。これを反映するのが空力微係数で、この係数を用いることで運動方程式が得られます。

### ◾️5つの固有運動

　通常の飛行機においては、縦の運動については短周期モードと長周期モードという2つの固有運動を、横・方向の運動についてはスパイラルモード、ロールモード、ダッチモードという3つの固有運動を有しています。短周期モードは減衰の大きい周期の短い（代表的には2、3秒）振動で、長周期モードは減衰の小さい周期の長い振動です。操舵による過渡応答では、前者の短周期モードが支配的です。

　スパイラルモードは、減衰の少ない場合では定数の大きいゆっくりとした旋回運動です。旋回中に頭下げが強いとさらに旋回半径が小さくなり、スパイラル状に降下していく不安定な運動となりますが、頭下げが弱い場合には安定的に旋回できます。ロールモードは通常安定となる減衰の大きい運動です。ダッチロールモードは、ロール運動とヨー運動が連成して、尾部を左右に振る運動です。一般に周期が数秒程度の振動であり、操縦者や乗客に不快感を与えることが多い運動です。

　このような運動が実際どのようになるかは、飛行機の空力特性により決まりますが、運動方程式として記述することができ、その運動方程式を伝達関数として表し、制御設計に使用されています。この制御設計に使用される運動方程式をダイナミクスと称しています。

第5章 自動飛行を実現する制御システム

## 短周期モードの運動（0.2秒間隔）および長周期モードの運動（1秒間隔）

（a）短周期モードの運動（0.2秒間隔）

（b）長周期モードの運動（1秒間隔）

## スパイラルモードの運動（10秒間隔、不安定）

安定なスパイラルモード：
右バンクで右横滑り状態に対して右ヨーイングするもバンク角は回復

不安定なスパイラルモード：
右バンクで右横滑り状態に対して右ヨーイング角速度が大きく、右ロール角が増大

## ダッチロールモードの運動（0.8秒間隔）

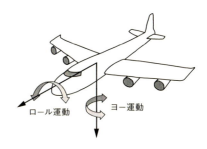

ロール運動　ヨー運動

ロール運動とヨー運動が同時発生

## ロールモードの運動（0.5秒間隔）

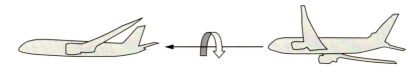

バンクゼロで安定化　　　　　　　　　　　　右バンク

**POINT**
◎固有の運動モードを表すダイナミクスは制御系設計には不可欠
◎縦の固有運動は、短周期モードと長周期モードの2つ
◎横・方向の固有運動は、スパイラル、ロールモード、ダッチロールの3つ

143

## 飛行機の運動を変化させる「推進系と舵面」

パイロットの意のままに飛行機を操縦するために、どのような設備が設けられ、それらはどのようにして動かされているのでしょうか？また、どのように変わってきていますか？

### ◤姿勢を変化させる舵面とそれを動かす駆動システム

飛行機の6自由度運動では、力やモーメントが与えられると、運動は変化します。力を与えた方向に加速度が発生し、それにより速度、位置が変わります。一方、モーメントを与えると角加速度が発生し、それにより角速度、角度が変化します。実際、三次元の回転運動において、モーメントと角加速度、角速度は、ある軸周りに関する物理現象として記述できますが、角度については、三次元的にはオイラー角で表しています。

このように、力、モーメントを人為的に発生させることにより飛行機の運動を変化させることができるのです。力の代表は推進力を与えるエンジンで、モーメントを発生させる代表は舵面です。舵面には飛行機の姿勢を制御するために常に動作し続ける必要があるエルロン（補助翼）、ラダー（方向舵）、エレベーター（昇降舵）と、必要なときにのみ動作するフラップ、スポイラー、スラット、水平安定板があります。これらは主として油圧アクチュエータで駆動されています。

### ◤直接操舵から電気・電子制御方式に

従来はパイロットが機械的に操作する操縦桿やペダルの動きをケーブル、プーリー、ロッドなどの機械的リンク機構を介して、油圧アクチュエータを直接駆動していましたが、現在ではパイロットの操作をセンサで電気的に検出し、ワイヤ（電線）あるいは光ファイバー（Light）で結んだ制御用コンピューターを通じて電気制御式サーボ・アクチュエータに入力して操舵を最適に制御する方式が普及しています。

油圧アクチュエータは、エンジン駆動ポンプで取り出した集中油圧配管にて機体全体の必要箇所に張り巡らされ、常時油圧が利用可能な状態になっています。近年、このような集中方式ではなく、油圧システムを分散化・電動化することで油圧配管を削除し、省エネ、エネルギー効率の向上および整備／安全性の向上が図られつつあります。その一例が電気油圧式アクチュエータ（Electro Hydrostatic Actuator）で、油圧ポンプや電動モータ、リザーバー、油圧制御バルブをアクチュエータ内部に統合し、各アクチュエータに駆動権をもたせて作動させ、必要な箇所のアクチュエータを必要なときだけ駆動する方式となっています。

第5章 自動飛行を実現する制御システム

## 油圧システム

エルロン（補助翼）やエレベーター（昇降舵）などの舵面は、高信頼を実現するために、複数の油圧系統により駆動される。それに対して、エンジン駆動ポンプおよびランディングギア収納システムは1系統の油圧で駆動される。

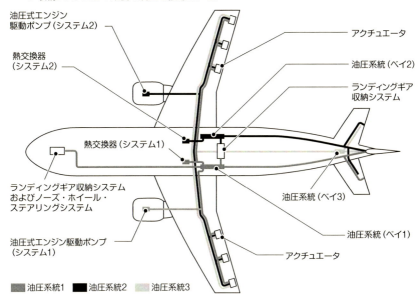

## 電気油圧式アクチュエータ（EHA）

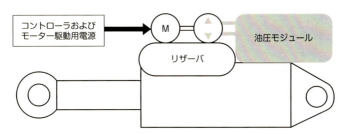

> **POINT**
> ◎電気式油圧アクチュエータでは、機体全体をめぐる油圧系統が不要
> ◎舵面を動かす油圧アクチュエータも電動化
> ◎エンジンによる推力と舵面駆動によるモーメント発生で運動

145

## 2. 位置の把握と制御

## 飛行機の姿勢と位置、速度を把握するには？

夜間や洋上など、目印のない場所で自分の位置を飛行機はどうやって正確に把握しているのですか？ 高速で移動するため、高い精度が求められますが、どうやってその精度を確保しているのですか？

### ■代表的なのは慣性航法装置

飛行機が備え付けられた装置のみで、位置、速度、姿勢を計測して飛行する方法を自律航法といい、それに用いる装置を慣性航法装置といいます。慣性航法装置は、3軸直交座標系のそれぞれの軸方向に取り付けられた3つの加速度計と3つのジャイロで加速度、角速度を計測し、積分をはじめとする数学的処理により位置、速度、姿勢を算出しています。

ジャイロおよび加速度計は、かつては機体の姿勢がどのように傾いても常に安定するようになっているプラットフォーム上に設置されていました。これだと、加速度計の検出軸は常に慣性空間上同じ方向を向いていますので、その出力を単に積分することでその方向の速度を、さらにもう1回積分して位置を知るようにしていました。3軸方向を2回積分することにより、慣性空間上どの位置にいるかを自分で把握することが可能となります。しかしながら、現在はジャイロおよび加速度計は機体に固定されており、加速度、角速度は機体固定座標系で測定されるストラップダウン方式が大部分となっています。この場合、慣性空間固定座標系での自分の位置、速度方向を出すには、座標変換行列を用いて機体固定座標系で測定された加速度を慣性空間固定座標系に直してから積分を行い、速度、位置を計算しています。この座標変換行列は、時々刻々ジャイロにより計測した3つの方向の角速度とクォータニオン（四元数）という4つの変数を用いて計算することができます。また、この座標変換行列よりオイラー角を計算できますので、ロール角、ピッチ角、ヨー角の姿勢角もわかります。

### ■現在はハイブリッド慣性航法装置が主流

このように慣性航法装置を用いることにより、飛行機は外部の支援なくして、姿勢角、速度、位置を把握することができます。しかしながら、計測にはノイズが必ず加わってきます。そのため、長い時間積分を行うと、速度および位置に誤差が発生するようになります。この誤差を外部からの正しい情報を用いて除去しているのがハイブリッド慣性航法装置です。外部の正しい情報は、いつでもどこでも入手可能なGPSから得られる位置情報を用いるのが主流になっています。

# 第5章 自動飛行を実現する制御システム

## 座標変換行列の役割

時々刻々姿勢が変化する機体に取り付けられた加速度計で測定された加速度を積分しても同じ方向の速度、位置は得られない。この問題を解決するために座標変換行列を用いて、慣性空間に対して同じ方向の出力を得て積分する。

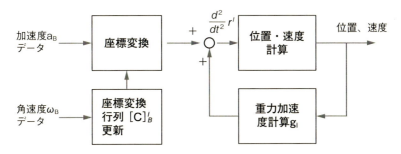

$$[C]_B^I = \begin{bmatrix} q_0^2 + q_1^2 - q_2^2 - q_3^2 & 2(q_1 q_2 - q_0 q_3) & 2(q_1 q_3 + q_0 q_2) \\ 2(q_1 q_2 + q_0 q_3) & q_0^2 - q_1^2 + q_2^2 - q_3^2 & 2(q_2 q_3 - q_0 q_1) \\ 2(q_1 q_3 - q_0 q_2) & 2(q_2 q_3 + q_0 q_1) & q_0^2 - q_1^2 - q_2^2 + q_3^2 \end{bmatrix} \quad \dot{q} = \frac{1}{2} q \omega_B, \ q = \begin{bmatrix} -q_1 & -q_2 & -q_3 \\ q_0 & -q_3 & q_2 \\ q_3 & -q_0 & -q_1 \\ -q_2 & q_1 & q_0 \end{bmatrix}$$

## ハイブリッド慣性航法装置

慣性航法装置で計測された加速度、角速度には、ノイズが含まれている。これを積分し続けると速度、位置に誤差が発生する。これを補正するために外部センサを用いる。その代表がGPSであり、慣性航法装置と外部センサを組み合わせて補正を可能にしている技術がカルマンフィルターである。

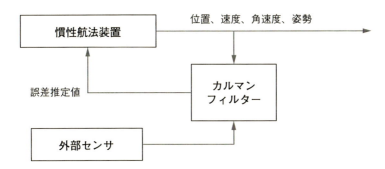

**POINT**
◎機体に固定したジャイロと加速度計で測定した角速度と加速度をクォータニオンを用いて慣性空間固定の出力に変換
◎ハイブリッド慣性航法装置は、さらにGPSとカルマンフィルターで精度維持

## 2-2 飛行機の対気速度と高度を計測するには？

安全かつ的確に飛行するためには、速度と高度が正確にわからなければ難しいでしょう。風など外部からの影響を受ける飛行機はどのようにして計測しているのですか？

### ▮万能ではない慣性航法装置

飛行中の航空機は、機体周りを流れる大気の速度により揚力を発生させています。向い風を受けている場合は、実際の飛行速度より速い速度で大気は機体を通過するため、対地速度は小さくなります。追い風の場合はその逆です。この空気の流れに対する飛行機の速度を対気速度といい、揚力を最大限に発生させるという観点からとても重要です。たとえば離着陸の場合、対地速度が比較的小さいため、可能な限り揚力を得るためには向い風であることが必要となります。

対気速度は、その二乗に比例して変化する動圧を求めることで得られます。動圧はベルヌーイの定理に基づき、全圧と静圧の差から得られます。ピトー管でそれらを計測して、対気速度を求めています。

### ▮高度の計測方法は目的に応じて使い分けられる

飛行ルートを決められた高度で飛んだり、着陸や山岳などへの衝突を回避したりするためにも、高度を知ることは大変重要です。そのために、目的に応じて適切な方法がとられています。位置の把握はGPSを利用するのが代表的ですが、測定点で得られる高度は、回転楕円体としてモデル化した地球表面からの距離です。したがって、実際の高度は測定点での直下地面のGPS高度を引く必要がありますが、精度および実際の地形の反映という観点では十分安心して使用できません。

次に用いられるのが気圧高度計です。これは高度とともに、温度、気圧が変化する性質を利用しているものです。気圧高度計は、実際の大気の状態に関わらず標準大気を仮定して気圧を高度に変換するため、その指示する値は地上の温度、気圧、場所の重力加速度の違い、鉛直気温分布の影響を受けます。したがって、これらの影響を補正しなければなりません。最後に使用されるのが電波高度計です。飛行機から直下の地表面に向かって電波を発射し、それが地表面で反射、戻ってくる時間を計測して実際の高度を測定します。高高度用（パルス型）と低高度用（FM型）とがあり、ふつう低高度用のものは周波数変調方式を採用、0〜2,500ft（フィート）の範囲で正確な絶対高度を測ります。ただし反射してくる電波が弱すぎると戻ってきたかどうかがわからなくなるので、使用可能高度には限界があります。

第5章 自動飛行を実現する制御システム

## ピトー管による対気速度測定

ピトー管を大気の流れに対して、完全に対向するように取り付けて全圧を、直角方向に取り付けて静圧を測定して、対気速度が求められる。

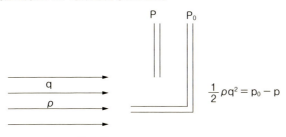

$$\frac{1}{2}\rho q^2 = p_0 - p$$

## 気圧センサによる高度測定

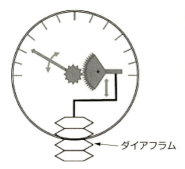

飛行機の外気圧(静圧)を高度計内のアネロイド・ダイアフラム(空盒)に導き、このダイアフラムの伸縮を指針の動きに変えて、目盛り盤上で読むようにしている。計器の目盛りは、標準大気状態における高度を示している。

ダイアフラム

## 電波高度計による高度測定

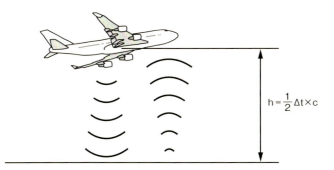

$$h = \frac{1}{2}\Delta t \times c$$

**POINT**
- ◎目的に応じたセンサを使用する
- ◎気圧高度計は標準大気を前提に気温鉛直分布の影響を補正して高度を出力
- ◎電波高度計は発射電波が戻ってくる時間より地表との相対高度を計測

## 制御系は飛行機をどのように安定化しているか?

上下、前後、左右の3次元空間を自由自在に移動する飛行機は、その自由さが大きな利点ですが、その反面、コントロールするのは大変なのではないでしょうか?

### ■ほどほどの力とモーメントを発生させる

飛行機の制御系は、飛行機の三次元6自由度の運動を人の操縦を介することなく、機械により舵面を自動で駆動して、所望の状態にします。所望の状態の対象となるのは位置、速度、姿勢、姿勢角速度などの運動を表す変数です。望む状態にするためには、まず飛行機がどのような状態にあるかを把握する必要があります。そのために使用するのが慣性航法装置、対気速度計、高度計です。現在の状態が把握できたならば、目標とする状態との差を求めます。制御系は、この差を小さくするように推力を増減させたり、舵面を動かしたりして力、モーメントを発生させます。

安定な制御系は、時間とともに漸近的に、ときには振動を伴うものの振幅は小さくなって目標値に近づいていきます。このような設計をするための基本は、目標値と制御量との差である制御偏差に比例定数を掛けたり、その微分値、積分値の和をもとに舵面の駆動量を決めたりすることです。その際、あまり大きく舵面を動かすようなコマンドあるいは時間遅れを有するようなコマンドだと、運動が反対方向に振れすぎたり、安定にならない方向に力あるいはモーメントが加わったりして、不安定な制御系となってしまいます。このようにならないよう正しい運動方程式を用いて、比例定数、微分時定数、積分時定数を変えて安定となる制御系を設計します。実際の制御系においては、設計上との相違もありますが、その相違を吸収するように余裕をある程度見込んで設計するので、多くの場合安定な制御系が設計できます。

### ■制御系の設計は運動方式がカギ

制御系を設計するには、飛行機の運動方程式が大変重要になります。その運動方程式は、縦系運動方程式として、XZ面内の2つの並進の運動と1つの回転の運動、横・方向系運動方程式として、横方向の1つの並進運動とこれに軸が直交する2つの回転の運動で構成されます。

縦系運動方程式を用いた基本的な制御系がピッチ角制御、速度制御で、これを組み合わせて、水平定常飛行、着陸時のグライドスロープ制御、フレア制御を実現しています。横・方向系運動方程式を用いた基本的な制御系がロール角制御、方位角制御で、これらを組み合わせて、旋回制御、横系着陸制御を実現しています。

## 第5章 自動飛行を実現する制御システム

### 制御系の応答

安定な応答では、振動しながらもその振幅が徐々に収まって一定の目標値に収束。不安定な応答では、振動の振幅は徐々に大きくなり、目標値には収束せず、かつ、発散。

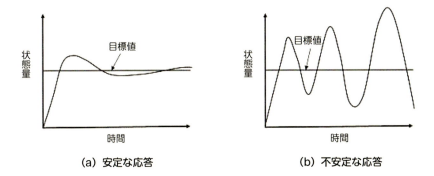

（a）安定な応答　　　　　　　　　　（b）不安定な応答

### 制御器の構成（PID要素）

制御器は、フィードバックされた状態量を比例倍（Proportional）、あるいは時間積分（Integration）倍、あるいは時間微分（Derivative）して得られた量の総和をコマンドして、エンジン出力の増減あるいは舵面駆動を行う。この3つの量を得るために行う制御器の元の頭文字をとってPID要素という。

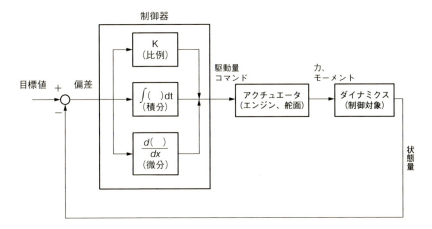

**POINT**
◎目標値との差を小さくするよう、その差に比例定数、あるいはその差の微分値、積分値の線形和として、力あるいはモーメントのコマンドを出す
◎PID要素は、状態量とコマンドの差をそれぞれ比例倍、時間微分・積分する

151

## 2-4 飛行機の位置を地上で把握するには？

**運行を円滑にし、また飛行機同士の衝突などを避けるためにも、飛行中の各航空機の位置を地上でしっかり押さえておかなければなりません。そのためにどのような方法がとられていますか？**

### ◩安全かつ確実に運行するために

通常、飛行機はどこでも自由に飛べるというわけではなく、飛行できる空域や高度を含む飛行ルートが決められています。また、飛行ルートのみならず、空港・滑走路から離陸し、目的とする空港・滑走路に着陸するまでのルートも決められています。さらに1機だけでなく、日本上空だけでも1日あたり4,000機程度の飛行機が飛んでおり、すべての飛行機について混乱なく離陸させ、指定した飛行ルートに乗せ、目的の空港に着陸させるため、それら飛行機の位置情報を確実に把握し、それに基づいて地上から適切な指示を出す必要があります。

### ◩地上で飛行機の位置を知る2つの方法

現在、飛行機の位置を知る方法は、地上から送信された電波を飛行機が受信、応答した電波情報などを用いるレーダーに基づく方法と、飛行機自身が慣性航法装置などにより把握した位置情報を常時、地上に送信する方法の2種類に大別されます。

前者は、一次レーダーと二次レーダーに分けられます。一次レーダーは、照射した電波が飛行機により反射して元のところに戻ってくるまでの時間を測定することにより距離を、照射した角度により方向を把握して、飛行機の二次元平面上での位置を把握するものです。二次レーダーは、地上のアンテナから送信された質問信号に対する航空機上のATCトランスポンダー（航空交通管制用自動応答装置）からの応答信号を受信し、飛行機を識別するとともに、距離、方位および飛行高度や非常信号などの航空管制に必要なデータを指示器上に表示するものです。航空交通管制（ATC：Air Traffic Control）においては、洋上を含む航空路全般、空港周辺領域において、通常、一次レーダーと二次レーダーが併用されています。

後者の代表的な例はADS−B（Automatic Dependent Surveillance−Broadcast）です。基本的には、飛行機の位置情報を含む飛行状態および各種機器の情報を無線通信回線を用いて、地上に放送するものです。したがって、受信装置においては、無線通信方式を揃えて受信データを復調した後、あらかじめ決まっているデータフォーマットにより必要な情報を得ることができます。現在、民間航空機会社各社は、ADS−Bの導入を進めています。

第5章 自動飛行を実現する制御システム

## ● 二次レーダーによる航空機位置情報の把握

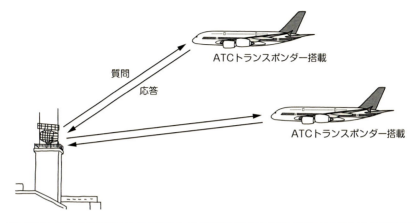

## ● 航空監視レーダーなどの配置および覆域図

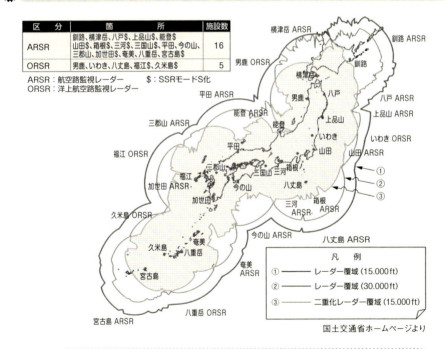

◎レーダーで位置を把握するとともに、詳細情報は飛行機自身より無線伝送
◎一次レーダーは位置把握、二次レーダーは飛行機識別・状況把握
◎ADS-Bは、飛行機情報を無線で地上に放送

153

## 2-5 超音速飛行と亜音速飛行では、同じ誘導制御系でよいのか?

飛行機の速度はマッハの領域がひとつの境になっているようですが、ここを境界線にして機体の形状や動き、操縦性などは変わるのでしょうか?

### ◢ 超音速機には通常機とは異なる特性が出現

　亜音速飛行では、翼面上の空気の圧力変化は放射状に伝播しますが、超音速飛行においては、マッハコーンの内側の領域にしか伝播しません。このことは、飛行力学上重要な空力微係数の特性が大きく異なることを意味します。その代表的なものが揚力傾斜です。揚力傾斜は、機体の迎角に対する揚力の変化の度合いであり、翼断面形状によりおおむね決まっています。機体の縦の安定性のみならず、機体の横・方向の安定性はすべてこの揚力傾斜を基本としています。超音速領域では、半分から一桁小さくなり安定性は大幅に悪化します。

　さて、超音速飛行ではクランクアロー型などのデルタ翼が採用されます。このデルタ翼は超音速に適した翼で、また大迎角においても失速しにくいという特徴を有しています。しかしながら、前述した揚力傾斜が亜音速飛行用の翼と比較して小さいため、着陸時には大迎角にして揚力を稼ぐ必要があります。と同時に、この場合翼の空力特性は複雑な挙動を示し、エルロンを操舵したときに操舵と逆向きのローリングモーメントとなるという、亜音速機と比して逆の動きとなる現象も発生します。

### ◢ ロバスト制御設計で対応

　制御系としては、前述の飛行速度の変化による安定性の変化に対しては、変化の程度を想定し、その範囲内であれば所望の性能を確保できるようロバスト制御設計により対応します。H∞制御理論、MDM/MDP法がその代表的な手法です。不安定要因に対しては、別の制御系を用意して安定化させます。

　また、超音速機は超音速の飛行に到達するまで、加速を続ける必要があります。この飛行経路としては、まず、燃料消費を極力少なくし、エンジン効率の最もよい状態で飛行させる必要があります。エンジンの性能は飛行速度と高度と密接に関係しています。これは、亜音速、遷音速で飛行する飛行機と大きく異なる点です。このため超音速機の誘導制御系は、あらかじめエンジンが最高の性能を達成可能なように設定された飛行経路に沿って指定された速度を達成するように誘導則を組み込み、速度・姿勢を制御することになります。

第5章 自動飛行を実現する制御システム

## 超音速機の機体特性の変化

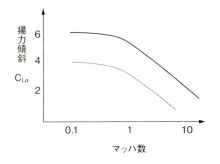

## 航空機の揚力傾斜の変化

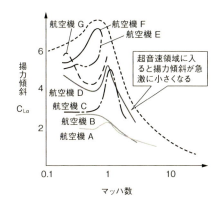

超音速領域に入ると揚力傾斜が急激に小さくなる

## 超音速に到達するための最適飛行経路例

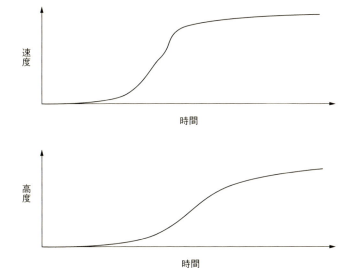

**POINT**

◎超音速飛行に適した飛行機の誘導制御系には、亜音速機と異なり機体特性の変化に対応しつつ、エンジン効率の最もよい飛行経路での飛行実現が要求される

155

COLUMN

5

## 自動飛行コンピューターとパイロット
# その操縦の使い分け

　航空機における自動制御が、航空機の安全性を飛躍的に向上させたことは疑う余地はありません。しかしながら、これは両刃の剣であって、パイロットの基本的な飛行スキルの低下、状況認識力の損失、パイロットの自己満足と自動制御への依存度の増加といった弊害ももたらしています。このため航空機の自動制御とパイロットによる操縦の在り方が問題となっています。世界の２大航空機メーカーであるエアバス社、ボーイング社はともに設計においては、最終的にはパイロットに航空機を制御させるとしていますが、エアバス社は自動制御中心の、ボーイング社はパイロット中心の設計となっています。

　具体的にはエアバス社は、パイロットの能力を生かそうというよりは、パイロットの過ちを回避することに注力し、自動制御はパイロットの操作、決定より優先するようになっています。一方、ボーイング社は、パイロットの過ちを回避するというよりは、パイロットの能力を最大限に生かすことに注力し、自動制御はパイロットを支援するのであって、取って代わることはない設計になっています。

　エアバスでは自動制御はパイロットに任せる範囲を制限、ボーイング社では自動制御はパイロットを支援しています。たとえば、Airbus A320では２人のパイロットが乗務しますが、それぞれのパイロットは独立に操縦桿などを操作し、かつ、それぞれ独立に自動飛行コンピューターにつながり、パイロットの操作を監視しています。一方Boeing 787でも２人のパイロットが乗務していますが、パイロットが操作した操縦桿の動きは、もう一人のパイロットに伝わり、もう片方のパイロットの操縦をチェックしています。さらに両社はFly-by-wireを採用しており、Airbus 航空機では舵面の動きによる反力などは完全に切られていますが、Boeing航空機では人工的に舵面の反力を作り出し、パイロットの操縦桿に伝えることにより、パイロットが航空機の動きを直観的に洞察することを可能にしています。これは人間の能力を重視している証です。

**156**

第6章

# 安全飛行のための
# システムと宇宙への道

Safety Flight Systems and Space Development

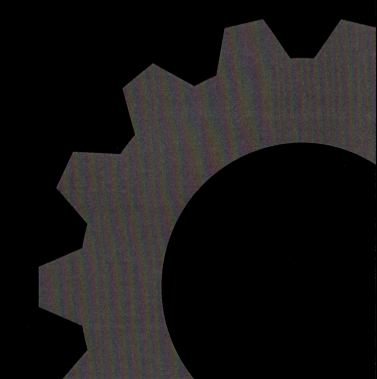

## 1. 過去の事故と対策例

## 安全を脅かすヒューマンエラー

人間ならだれでもミスを犯します。航空機の操縦や運行管理でのミスは、重大な事故につながります。人が犯すミス（ヒューマンエラー）を防ぐための対策は、どのように考えればいいのでしょうか？

### ■ヒューマンエラーとその分析法

　ヒューマンエラーによる事故を分析するためには、人間の行動特性（ヒューマンファクター）を考える必要があります。ヒューマンファクターに起因する事故を分析する方法に、m-SHELLモデルを用いるものがあります（図）。このモデルでは、L（Liveware＝人間）が、S（Software＝ソフトウエア）、H（Hardware＝ハードウエア）、E（Environment＝環境）およびL（Liveware＝ほかの人間）で示す4つの要素（ファクター）で取り囲まれていて、m（management＝マネジメント）がこれらを管理していると考えます。

　2つのLとS、H、Eで表された5つの"積み木"の輪郭は、波型になっています。これは人間というものは本来、柔軟な対応能力をもっている反面、これらの要素が常に正常なインターフェイスを維持できない、不安定な場合があることを示しています。このような不安定が引き起こすミスマッチを分析し、ヒューマンエラーを予防する対策が講じられます。さらにこれら5つの要素を調整、管理する役目のm（マネジメント）が絡み合っていると考えます。たとえば会社などの組織が絡んだ組織事故がその一例となります。

　m-SHELLモデルを用いたヒューマンエラーの分析を行う際、事故の原因となった不安全行動に対し、Lと4つのインターフェイスL-S、L-H、L-E、L-Lにおける事故要因を列挙し、それぞれに対する対応策を考える方法がとられます。

### ■ヒューマンエラーが引き起こした事故とその分析例

　ここではテネリフェ事故を例にとって、m-SHELLモデルによる要因分析の例を紹介します。テネリフェ事故は、濃霧で視界の効かない中、管制官の発言を誤解したパンアメリカン航空が滑走路上にいるうちに、同じく管制官の発言を誤解したKLMオランダ航空のジャンボジェットが離陸滑走を始めて激突、合わせて583名が死亡した事故です。この場合の各インターフェイスの要因分析は表のようになります。表からこの事故は複数の要因が重なって起こったものであり、事故を防ぐには、一つひとつの要因を潰すよう、多面的な対策をとることが大事であることがわかります。

第6章 安全飛行のためのシステムと宇宙への道

## m-SHELL モデル

## テネリフェ事故における m-SHELL モデルによる要因分析および対策

L-S：人間とソフト、L-H：人間とハードウエア、L-E：人間と環境、L-L：人間とその他の人間

| インターフェイス | 要因 | 対策 |
|---|---|---|
| L-S | 管制官の指示を誤解、混乱 | 管制用語の変更 |
| L-H | 地上管制レーダーが無く、地上の航空機が監視できていなかった | 新空港の建設 |
| L-E | 空港の混雑、濃霧による視界不良 | 新空港の建設 |
| L-L | 機長の権限により、離陸を強行 操縦室内の権威勾配 | 安全管理見直し 意思疎通、意思決定を重視した上下関係 |
| M | 運航の遅延による企業の損害、クルーの職務時間に関する法令違反 | |

**POINT**
◎航空機の事故はヒューマンエラーによるものが多いため、これを適切に分析して多面的な対策を講じることが重要。人間、ソフト・ハードウエア、環境、その他の人間およびマネジメントの相互関係を考えるとわかりやすい

159

## 事故事例その1　構造・材料、管制

墜落事故の悲惨な映像をニュースで見て、「飛行機はコワい」と言って乗りたがらない人もいます。これまでどのような事故があり、対策はどのようになされてきたのでしょうか？

### ■歴史上の大事故と対策

　旅客機における事故で死亡する確率は表のように100万便に数回程度であり、自動車事故で死亡する確率と比べれば格段に低いといえます。このような高い安全性は過去の多くの犠牲と不断の努力によって確立されたものです。ジェット旅客機の定期便が飛ぶようになった1950年代、イギリスのコメット旅客機は1年の間に3度の空中分解を起こしました。この原因は実験検証の結果、最終的にアルミニウム合金の疲労破壊であるという結論に達しました。ジェット旅客機ではそれまでの飛行機よりも高い高度を飛ぶため客室と外との気圧差は大きく、胴体には大きな負荷がかかります。製造メーカーでは繰り返し何度もかけられる力によって金属が破断する「疲労破壊」についての知見がまだ十分ではありませんでした。現在の旅客機では必ず実機の繰り返し疲労破壊試験を行うこととなっています。

　管制官とパイロットの聞き間違いや誤解が大事故を招いたケースもあります。1977年、スペインのテネリフェ空港では濃霧で視界の効かない中、管制官の発言を誤解した2機の飛行機が激突し、合わせて583名が死亡するという大事故を起こしました。この対策として、管制官は誤解を招くような発言を慎み標準的な言い回しを用いること、オーケーやラジャーといった曖昧な単語は用いず、Affirmative（肯定する）、Negative（否定する）といった厳格で聞き取り間違いの少ない発言が用いられるようになりました。

　最後に、飛行機のハイテク化が招いた惨劇の一例を紹介しましょう。1994年に起きた名古屋空港での中華航空140便墜落事故では副機長が手動での着陸をしようと機首下げを試みましたが、自動操縦装置は「着陸やり直しモード」となっていたため機体が上昇する方向へ操舵、最終的に不安定な姿勢となり墜落しました。この事故では乗員乗客264名が死亡し、日本では1985年の御巣鷹山墜落事故に次ぐ死者数となりました。この教訓として、自動操縦とパイロットの意志が反する場合はパイロットの操縦を優先すること、また自動操縦モードを簡単に解除できる仕組みが導入されました。

## 航空会社別の事故死亡率(1970年以降)

100万便あたり、全員が死亡する事故に遭う確率を指す。乗客の半数が死亡する事故に遭った場合は0.5回と数える。航空機死亡事故は主として、航空会社別および機種別(B747、A320など)に整理できる。下記は航空会社別の場合である。全日本空輸は1960年代に死亡事故が多発したが、1971年の雫石衝突事故を最後に死亡事故は起こしていない。日本航空は1985年の御巣鷹山墜落事故以降の死亡事故は無い。

| エアライン名 | 国 | 事故率 | 事故数（1970以降） |
|---|---|---|---|
| 日本航空 | 日本 | 3.31 | 5 |
| 全日本空輸 | 日本 | 1.00 | 1 |
| 大韓航空 | 韓国 | 3.35 | 5 |
| 中華航空 | 台湾 | 6.44 | 10 |
| デルタ航空 | アメリカ | 4.24 | 7 |
| ユナイテッド航空 | アメリカ | 6.69 | 11 |
| アメリカン航空 | アメリカ | 10.08 | 13 |
| エールフランス | フランス | 4.23 | 8 |
| ルフトハンザ航空 | ドイツ | 2.41 | 4 |
| アリタリア航空 | イタリア | 2.83 | 3 |
| カンタス航空 | オーストラリア | 0 | 0 |

米国の任意団体　エアセーフ調べ（2017年現在）

## 実機胴体の疲労破壊試験

水槽中で実施するので破片が飛散しても回収が容易である。

写真提供：藤原 洋氏

**POINT**
- ◎旅客機で死亡する確率は自動車事故のそれと比べて格段に低い
- ◎構造の疲労破壊、管制塔の誤解など、悲惨な事故が過去に起こった
- ◎過去の多くの犠牲と反省の上に今日の安全が確立された

## 事故事例その2　誘導制御、電気電子関係

飛行機事故は、機器や装置の不具合や故障といったアクシデントだけでなく、人のミスや配慮不足などが原因となって起こることもあるのではないでしょうか？

### ■中華航空140便墜落事故

　中華航空公司140便（Airbus A300）は、1994年4月26日、名古屋空港に進入中の午後8時16分ごろ、同空港の誘導路E1付近の着陸帯内に墜落しました。同機は副操縦士が手動操縦し、ILS進入により着陸に向けて順調に降下を続けていたものの、副操縦士が誤って着陸やり直しレバーを作動させたため、着陸やり直しモードに移行してしまいました。副操縦士は着陸やり直しレバーを解除しないまま自動操縦装置を起動させました。この状態で着陸に向けた降下を試み、操縦桿を押して機首を下げようとしましたが、自動操縦装置には、着陸やり直しレバーが入っていたため、副操縦士の動作に反発して機首を上昇させます。一方、昇降舵は機首下げ限界まで、水平安定板（水平尾翼）は機首上げ限界まで移動し、水平尾翼全体はへの字に曲がっていました。さらに機首上げになっていく状態において着陸困難と判断した機長が、再度着陸やり直しを試みたと推測され、これによりエンジン出力を上げたものの、高ピッチ角の姿勢により失速して墜落に至りました。

　コンピューターの導入により航空機の飛行安全は確実に向上し、事故はゼロになるかと思えましたが、パイロットの自動操縦装置への理解不足という人的要因が招いた事故でした。

### ■スイス航空111便墜落事故

　スイス航空111便（マクドネル・ダグラスMD-11）ジュネーブ行きは、1998年9月2日夜、JFK（ニューヨーク州・ジョン・F・ケネディ）国際空港離陸1時間後の10時31分、カナダ・ノバスコッティア州、ペギーズコーブ村（Peggy's Cove, Nova Scotia, Canada）の南西5マイルの地点に墜落しました。原因は、機体前部のコックピット上部天井裏に収納されたエンターテイメントシステム用の電気配線にアークが発生して、熱・音の遮断用カバーに引火。火災は急速に燃え広がるも、その火災を検知・警報する装置が無く事態の認識が遅れました。この間、航空機のサブシステムが次々と停止、墜落に至りました。

　エンターテイメント機器といえども、配線には十分な安全性が必要なことを示唆する事故でした。

第6章 安全飛行のためのシステムと宇宙への道

## ⚙ 中華航空140便墜落の原因

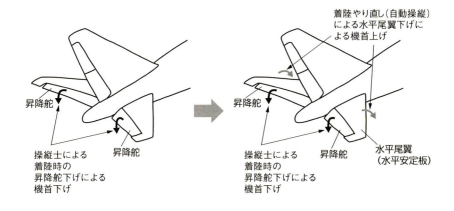

## ⚙ スイス航空111便の墜落事故原因

電気配線からの失火が遮断用カバーに引火して、火災が生じて墜落に至った。

> **POINT**
> ◎自動操縦装置は、飛行機の状態ならびに機器の状況を把握する必要がある
> ◎自動操縦装置への理解不足状態での手動操縦は事故要因になりうる
> ◎電気配線といえども、十分な安全対策が必要

163

## 事故事例その3　構造破壊

飛行機事故はひとたび起きると大惨事につながりかねません。それだけにさまざまな対策が講じられていると思われます。事故を教訓にしてどのようなことが行われているのでしょうか？

### ◼︎構造破壊による世界最悪の航空機事故

　絶対落ちない飛行機はまだありません。残念ながら事故が絶えることはありませんが、事故を教訓にしてさらに安全対策を考えていくこともまた航空機の運用や設計における重要なポイントです。

　1985年8月12日、日本航空のJAL123便（羽田発伊丹行、ボーイング747SR-46型機）が群馬県多野郡上野村の御巣鷹の尾根に墜落しました。乗員15名と乗客509名の合計524名のうち520名が死亡しました。旅客機1機あたりの死亡者数としては世界最悪規模です。この機体は以前（1978年）に滑走路で尻もち事故を起こして、機体尾部を修理しています。その際に、リベットと当て板による修理方法が適切でなかった修理ミスにより、飛行中に後部圧力隔壁が破壊されて、垂直尾翼と油圧操縦システムの機能が吹き飛ばされました。圧力隔壁には飛行1回ごとに客室与圧による応力負荷が繰り返され金属疲労が蓄積します。修理後7年間の飛行で微小亀裂が発生して徐々に進展し、この飛行で亀裂同士が一気につながり破壊に至りました。金属疲労を十分考慮した修理方法でなければなりませんでした。

### ◼︎ここで得られた教訓と対策

　政府の事故調査報告書によれば、以下の3点が提言されました。

1. 航空機事故の修理において、材料の変更など大規模な修理が製造工場以外で修理される場合は、修理内容と作業管理を慎重に行うこと。
2. 修理後は運航会社に対し特別の点検項目を継続監視するよう指導すること。
3. 今回の事故では、後部圧力隔壁が破壊されたことにより流出した与圧空気により、尾部胴体・垂直尾翼・操縦系統の破壊が連鎖的に発生し操縦不能となったので、機能システムのフェールセーフ性を確保することを航空機の安全審査基準に追加すること。

　日本航空は、事故の教訓を風化させないことと、安全運航の重要性を再確認することのために、社員の研修施設として「安全啓発センター」を開設しましたが、個人でも見学可能となっています。航空機の安全に関心のある読者は見学するとよいでしょう。

第6章 安全飛行のためのシステムと宇宙への道

## ◎ 垂直尾翼がほとんど失われた機体（墜落前に撮影）

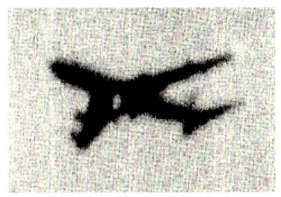

出典：運輸省航空機事故調査委員会「航空機事故調査報告書」1987.6.19

## ◎ 回収された圧力隔壁の復元写真

出典：運輸省航空機事故調査委員会「航空機事故調査報告書」1987.6.19

**POINT**
- ◎金属疲労は依然として航空機構造設計の難問
- ◎大規模な修理においては、リスクを慎重に検討
- ◎構造のみならず運用上の機能においてもフェールセーフ性を確保

## 飛行システムにおける安全確保

飛行中の飛行機の安全を確保するために、どのような方策がとられているのでしょうか？　部品点数が多く、システムも複雑なだけにさまざまな工夫を講じる必要があるのでは？

### ◤飛行システムは高信頼性システム

　飛行機は、多くの部品、装置およびサブシステムから構成される巨大システムです。よって、個々の部品、装置が絶対に故障せず、システムとして安全となるよう高い信頼性を確保することは容易ではありません。そのため飛行機では、故障は限りなくゼロに近いが必ず発生することを前提に、経済性を考慮しつつ、システムとしての故障確率を限りなく小さくする手法がとられています。

　手法の第1段階は、設計・製造にて個々の部品、装置の信頼性を高めることです。事前チェックおよび保守用にLSIなどにはBIST（Built-in-Self-Test）、装置にはBuilt-In-Test Equipmentという自己診断機能を組み込みます。第2段階は、複数の部品を用いる冗長構成です。使用中に1つの部品が故障しても残りの部品を使用することより、装置・システムとしての動作を可能にします。同じ入力に対する出力を比較するVotingと呼ばれる多数決（上図）を用い、故障した部品を判定（Detection）、その部品を分離（Isolation）します。1つの故障に対し、3台以上の構成にてどれが故障したかを判別し、それを分離します。

　飛行システムにおいて安全にかかわるのは、センサおよびコンピューターなどの電子機器、エンジンおよび舵面駆動などのアクチュエータ、構造です。アクチュエータ、構造は、冗長構成できないため、個々の信頼性を上げます。電子機器の場合は重量・コスト増になりますが、冗長構成がとられます。たとえば慣性航法装置は、直交3軸方向にレートジャイロ、加速度計がそれぞれ1つずつ配置（中図）されています。これらの1つでも故障すると慣性航法装置として機能しなくなります。そのため2台以上用意するか、1つの軸に2つ以上のレートジャイロ、加速度計が用意されています。

　通常、安全性の最も厳しい部分は4重系（3重系＋バックアップ）、3重系、やや厳しい部分は2重系、安全に大きく影響しない部分は1重系となっています。たとえばB777の飛行システムでは個々の装置、サブシステムの信頼性を考慮して、Flight Computer、Autopilot Control Systemは3重系、Air Data Inertial Unitは2重系、その他は1重系となっています（下図）。

## Voting

## 慣性航法装置

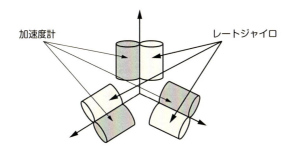

## B777のシステム構造

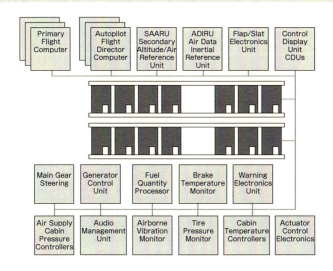

> **POINT**
> ◎飛行機の墜落を回避するために、個々の部品の高信頼性化から始まり、部品・装置レベルでの冗長構成に基づいて、故障個所を検知・分離することにより、システムとしての機能を維持するという高信頼性システムを実現

## 1-6 安全を確保するための航空通信・管制ネットワーク

飛行機の安全な運用はどのように確保されているのですか？ 地上と飛行中の飛行機とはどのような方法で意思の疎通が行われ、位置が把握されるのですか？

　飛行機としての安全性は、飛行機単体が高信頼性システムであるほか、ほかの飛行機、地上の障害物と衝突することなく、出発地から目的地まで無事到着する必要があります。このため、飛行機自身が飛行している位置を正確に把握するとともに、地上ではどの飛行機がどこを飛行しているかを正確に把握し、適切な指示を出す必要があります。

### ■飛行中の飛行機は地上で監視され、交通管理されている

　飛行機は、地上の航法援助施設を利用する航法システムあるいは搭載されている自律航法システムにより、自分の位置情報を正確に把握します。この位置情報に基づき、地表面、山岳などへの接近に対する対地接近警報（上図）、空中衝突防止装置（中図）を作動させます。

　一方、地上側では、すべての航空機の位置および識別情報を把握、これに基づいて、航空機相互間の衝突防止、航空機と障害物との衝突防止、交通の流れの円滑化とその維持を目的として飛行経路の適切な指示を出す航空管制システムが構築されています。航空機が出発空港にいるときから、目的空港への到着完了までのすべて飛行経路において監視・管制を行われ、洋上などでの巡航飛行状態は航空路管制が、空港に離着陸などでは飛行場管制（下図）が行われます。一次監視レーダーにて、航空機の存在を把握し、二次監視レーダーと航空機搭載のATCトランスポンダからの応答により、航空機の識別情報を得ます。ATCトランスポンダは、二次監視レーダーを用いた質問信号に対して、飛行機の識別情報を応答する装置です。また、近年は、飛行機側の情報を地上に伝送するADS-B（Automatic Dependent Surveillance-Broadcast）（第5章2-4参照）というシステムも登場しています。これは、飛行機側で測定した正確な飛行速度、飛行高度などの情報も同報しており、地上側での管制および飛行機側での周辺監視を容易にするとともに、空中衝突防止装置との統合により一層の安全性向上が期待されています。また、近年の旅客需要の増加にともない航空管制システムによる効率的な飛行が求められています。安全のための飛行間隔を維持しながら、空路における需要と容量を均衡させるため航空交通管理（Air Traffic Management）が必要となってきています。

第6章 安全飛行のためのシステムと宇宙への道

## 対地接近警報装置

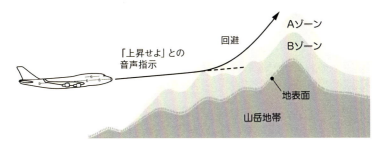

## 空中衝突防止装置

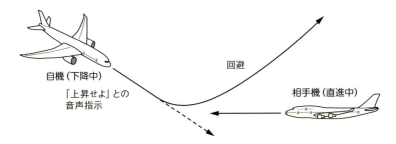

## 飛行場管制

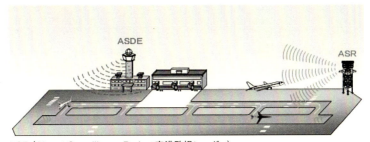

ASR（Airport Surveillance Radar：空港監視レーダー）
ASDE（Airport Surface Detection Equipment：空港面探知レーダー）

国土交通省のホームページより

**POINT**
◎安全を確保するには、飛行機の位置の把握が最も重要、それを用いて各種衝突を回避するだけでなく、空域での飛行容量の最大化、迅速な航空機運航といった航空交通を管理

169

## 2. 未来の飛行機

### 2-1 ものづくりと航空産業について

世界と日本における航空産業の生産規模やかかわる人員はどのようになっていますか？　今後数十年における成長産業のひとつであり、ものづくりの基幹産業であると思うのですが？

#### ▞ 日本の航空産業の規模と分野別生産額

　世界の国別、航空宇宙工業の生産額は、上図に示すように米国が圧倒的です。日本の十倍の規模です。さて、中図に2015年度、日本の航空宇宙産業生産額を示します。航空産業に絞れば、このなかで90％程度であり、民間、防衛で合計1兆8,224億円、内訳は製造関係が約1兆5,650億円（86％）、修理2,600億円（14％）となっています。このうち民間の製造・修理は1兆3,036億（72％）です。内訳は機体64％、エンジン31％、機器5％程度となっています。従業員は2万8,000人程度となっており、民間主導で中規模の産業といえます。民間の伸びは年4-5％になっていることがわかります。下図に防衛の比率を示します。民間の比率が大きく伸びていることがわかります。海外との関係でみると、輸出9,500億円、輸入1兆3,000億円で、輸出入バランスは3,500億円の輸入超過です。構成比でみると、輸出では機体65％、エンジン35％、輸入では機体56％、エンジン42％です。

#### ▞ 革新的技術とシステム系技術の必要性

　製造にかかわるメーカーは機体関連、エンジン関連、装備関連の3分野に分かれます。いまや航空宇宙産業は技術革新の著しい分野のひとつです。要素技術だけでなく、総合的に対応できるシステム技術者の人材育成が必須となっており、MRJでも苦心しているところです。

　航空産業のものづくりの付加価値は例として車と比較して部品コストは約100倍、部品点数10倍以上の多種となる特徴をもっています。航空産業は今後の技術立国日本の成長を促進する基幹産業の有力なひとつなのです。とくにこの分野の大きな特徴は、部品ごとの品質管理です。これは、設計段階から製造、検査段階まで徹底しており、部品は一品ごとに検査を実施します。素材段階では、非破壊検査を実施し、規定内の内部欠陥状況を確認しています。特殊工程といわれる溶接、ローづけなどは工程票と呼ばれる確立した工程条件で製造しなければなりません。

　近年は、ユニークな技術をもつオンリーワンの中小企業群への委託が増えており、大企業はシステムの組立と検査、中小企業群は製造とその製品保障に分担されている傾向が強いです。

第6章 安全飛行のためのシステムと宇宙への道

## 主要国の航空宇宙工業の生産額（平成26年）

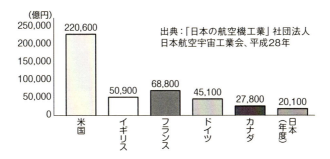

## 成長する航空宇宙産業

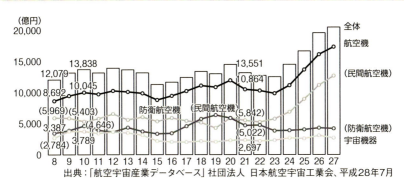

## 航空産業の防衛の生産の割合

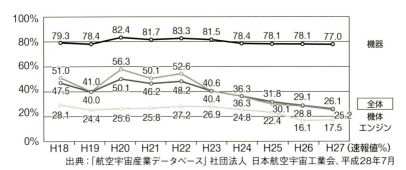

**POINT**
- ◎世界における日本の航空産業の規模はまだ小さいが、極めて高付加価値分野
- ◎ものづくり日本を牽引する分野であり、成長率も4-5％と著しい
- ◎実践的なシステム技術の人材育成が鍵

171

## 未来の超音速機

より速く、より遠くまで快適に行きたいということは、多くの人々にとって高いニーズとなっています。このことを可能にする超音速旅客機の再来はなるのでしょうか？

　1970年代にはマッハ2のスピードでパリ・ロンドンとニューヨークを結ぶコンコルドが就航し、夢の超音速旅客機と呼ばれましたが、2000年の大事故により2003年には引退を余儀なくされて、現在超音速の定期旅客便は存在しません。燃費の悪いコンコルドは、大西洋は横断できましたが太平洋の横断はできませんでした。また、衝撃波（ソニックブーム）の発生による地上への騒音の影響がひどく、米国では陸上を飛ぶことは禁止されました。このため上記の区間以外には就航することなく全部で16機の製造にとどまっています。

### ◤燃費や騒音問題の根本的な解決がカギ

　超音速機が旅客便として定期運航するには上記のような燃費や騒音の問題が根本的に解決されなければなりません。コンコルドの登場から50年が経過し、各分野の技術も進歩しており、近い将来に実現しそうな超音速機開発プロジェクトの例を少しあげてみます。

　Aerion社がエアバスと開発中の超音速機AS-2は10人乗りのビジネスジェットで、2021年の初飛行を目指しています。最大マッハ1.5のスピードでワシントンとパリを3時間で結ぶことができます。販売予定価格は120億円程度で、すでに受注も始まっています。

　さらに大型の計画としてはBoom社が開発しているエアライン向け超音速旅客機があります。45人乗りで17,000kmの航続距離を有し、地球上のほとんどの区間に就航できます。最大マッハ数は2.2で、東京とサンフランシスコを5時間強で結ぶことができます。

　これらはいずれも機体の技術革新によって燃費の向上を実現したものですが、ソニックブームの発生については今後のさらなる研究実証が望まれます。JAXAではこれまでの基礎研究の成果をもとに、マッハ1.6、36-50人乗りの超音速旅客機をターゲットとしたD-SEND静粛超音速機プロジェクトを2011年から進めています。また、NASAとロッキード・マーティン社が開発中のQueSST（Quiet Supersonic Technology）実証機でも衝撃波を低減させる設計を取り入れており、その成果が期待されるところです。

第6章 安全飛行のためのシステムと宇宙への道

## ✪ Aerion社のsupersonic ビジネスジェットAS-2

航空機は小型にするほど航続距離を延ばすのが難しくなるが、AS-2では超音速層流翼を採用し、またカーボン複合材やチタン合金など、徹底して軽量な素材を用いることで大西洋の横断が可能な約9,000kmの航続距離を実現するとしている。エンジンはボーイング737などにも使用されているプラット＆ホイットニー社のJT8Dシリーズを3発搭載。

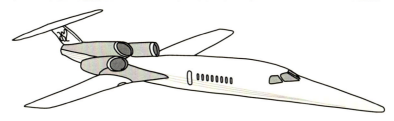

## ✪ Boom社の超音速旅客機のコンセプト

45人乗りで最大マッハ数は2.2。17,000kmの航続距離を有し、世界中のほとんどの路線に就航が可能。

## ✪ JAXAが進めている超音速旅客機プロジェクト

JAXAではこれまでの基礎研究の成果をもとに、マッハ1.6、36-50人乗りの超音速旅客機をターゲートとしたD-SEND静粛超音速機プロジェクトを2011年から進めている。

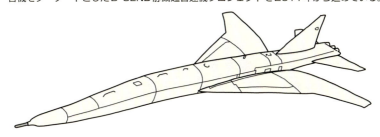

> **POINT**
> ◎ 2003年のコンコルド退役以降、民間用の超音速旅客機は運航していない
> ◎ ビジネスジェットを中心に燃費を改善した次世代超音速機の開発が進行
> ◎ 衝撃波を低減できる実験機がJAXAやNASAで計画されている

## スペースプレーン 宇宙旅行の夢

飛行機のように水平に離陸して宇宙旅行へ……。そうなれば宇宙旅行が実現に向け一歩近づいてきます。このようなスペースプレーンが実現する日はやってくるのでしょうか?

スペースプレーンの構想は遠い昔から語られてきましたが、これを実現したのがBurt Rutanによって設計されたSpace Ship Oneです。Space Ship Oneは2004年に水平離陸、水平着陸による宇宙空間への有人フライトを二度成功させるという歴史的な偉業を達成しました。

### ◼ ジェットエンジンとロケットエンジンを併用

スペースプレーンでは一般にジェットエンジンではなくロケットエンジンを使う必要があります。ジェットエンジンは自動車のエンジンと同様、燃料を空気中の酸素を用いて燃やしていますが、高度が上昇するにつれて空気は薄くなりますから、この方式は成立しなくなります。ロケットエンジンの場合は燃料に加え酸素も搭載しているので、真空状態の宇宙空間でも燃焼ガスを発生して推進力を生み出せますが、ジェットエンジンに比べて燃費は非常に悪いため、機体の内容積のほとんどを燃料と酸素が占めてしまい、乗員や貨物を積むスペースはごく限られたものとなってしまいます。Space Ship Oneは空気が十分にある高度15kmまでは通常のジェットエンジンを有する母機に搭載し、そこから切り離した後にロケットエンジンを使用します。このような方式を二段式スペースプレーンといい、地上から単機で宇宙まで達する方式は単段式スペースプレーンといいます。

Space Ship Oneは急上昇して高度100kmに達し放物線を描いて落ちてくるもので、これをサブオービタルフライトと呼びます。これに対し人工衛星や宇宙ステーションのように長期間地球の周りを回るような形態をオービタルフライトと呼び、技術的な難易度やかかるコストも桁違いになります.

世界で唯一、単段式スペースプレーンでオービタルフライトを目指しているのはイギリスのReaction Engines 社が主導するSkylonです。宇宙へは12トンの乗員または物資を輸送することができ、また二点間の超高速の旅客機としても活用できます。Reaction Engines 社では「宇宙旅行のためだけ」に機体を製造するようでは採算が合わず、超音速旅客機と宇宙旅行のどちらにも使える機体を開発することが経済的な成功を導くと考えています。

第6章 安全飛行のためのシステムと宇宙への道

## ✦ Space Ship Oneと母機 White Knight

Space Ship Oneは高度15kmで母機から切り離され、65度の角度で急上昇、高度100kmに達し、再び地上に水平着陸する。ハイブリッドロケットと呼ばれる安全性の高いロケットエンジンを使用している。

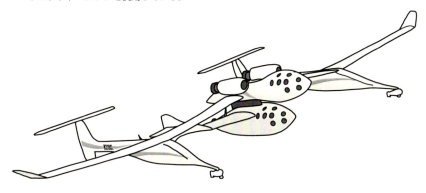

## ✦ Skylonの概念図

Skylonはロケットエンジンとジェットエンジンの中間的な性格をもつ予冷ラムジェットエンジンSABREを搭載し、高度26kmまで空気中の酸素を利用して加速し、その後は空気取り入れ口をふさぎ、ロケットエンジンとして動作する。初期重量275トンのうち燃料と酸素の占める割合は約8割となる。

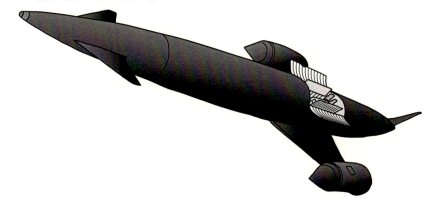

**POINT**
- ◎宇宙ではロケットエンジンを使う必要があり、大量の燃料と酸素が必要
- ◎宇宙旅行では高度100kmまで弾道飛行をするサブオービタルフライトと、地球を周回するオービタルフライトがある。後者は技術的ハードルが高い

COLUMN

# 6

## アロハ航空243便の
# 機体構造剥離事故

　1988年4月28日、アロハ航空243便ボーイング737-200型機が、乗務員5名と乗客89名を乗せて、アメリカ合衆国ハワイ州ハワイ島ヒロ空港からオアフ島ホノルル空港に向かい太平洋上空高度約7,300m（約24,000フィート）を飛行中、機体前方の客室天井が約5.5mにわたり剥がれました。客席乗務員1名が機外へ飛ばされて行方不明となり、65名が重軽傷を負いました。機体構造の剥離だけでなく、左エンジンの燃料制御系統も破壊されたためエンジンも停止したと報じられています。墜落に至っても不思議ではないほどの大規模な機体損傷が生じたにもかかわらず緊急着陸に成功したことは奇跡と言われたほどです。

　事故原因は、アメリカの国家輸送安全委員会（NTSB）がまとめた事故調査報告によりますと、アルミニウム合金製の機体外板の疲労と腐食により外板がリベット継手部で破壊され、それが一気につながって機体外板の破断に至ったとされています。機体外板のつなぎ目にはリベットとともに接着剤も併用されていましたが、その接着剤の使用がかえって腐食に悪影響したとも言われています。

　航空機の機体は飛行1回ごとに上空での客室与圧と低空での内外差圧解消という圧力負荷が繰り返され、徐々に金属疲労が進みます。この飛行機はハワイ州の島と島との間という短距離を運航し、しかも潮風が当たる環境で離着陸を頻繁に繰り返していたため、メーカー保証の飛行回数を大幅に超過していました。使用開始後19年目という古い機体であることを認識しつつ使用を続けた運航会社が亀裂や腐食を発見できなかった整備力と、航空機メーカーの安全に対する見識が問われる結果となり、アメリカ連邦航空局（FAA）による老朽機体の健全性保証方法を改善する重要なきっかけになりました。

　なお、この事故と奇跡を題材にした再現ドラマ「奇跡の243便」がアメリカで製作されました。

# 索　引 (五十音順)

## あ 行

| | |
|---|---|
| 亜音速飛行 | 66 |
| 亜音速流 | 28 |
| アスペクト比 | 34 |
| 圧縮機 | 64 |
| 圧縮性流体 | 28 |
| 圧縮波 | 29 |
| 圧力波 | 28 |
| 圧力波の伝播速さ | 28 |
| アフターバーナー | 74 |
| アルミニウム合金 | 124 |
| 安全性設計 | 20 |
| インテーク | 60 |
| インテグラルタンク | 112 |
| インピンジ冷却 | 84 |
| ウィングレット | 38 |
| 後桁 | 112 |
| 運動量 | 60 |
| エアインテーク | 68 |
| エアターボラムジェットエンジン | 98 |
| エクスパンダー方式 | 98 |
| エリアルール | 36,52 |
| エルロン | 42 |
| エレベーター | 24 |
| エンジン | 26 |
| 遠心圧縮機 | 70 |
| エンジンパワー | 36 |
| オイラー角 | 44 |
| 音の壁 | 52 |
| オレオ式緩衝装置 | 116 |

## か 行

| | |
|---|---|
| 外板 | 110 |
| 回転デトネーション・エンジン | 98 |
| 外部冷却法 | 82 |
| 拡散火炎 | 80 |
| 拡大流れ | 29 |
| 荷重倍数 | 42 |
| 荷重パス冗長構造 | 123 |
| ガスジェネレータ方式 | 98 |
| ガルバニック腐食 | 134 |
| 慣性空間固定座標系 | 140 |
| 慣性航法装置 | 146 |
| ギアードターボファンエンジン | 90 |
| 気圧高度計 | 148 |
| 機首引き上げ | 40 |
| 機体固定座標系 | 140 |
| 極限強さ | 120 |
| 金属製航空機 | 10 |
| 空気吸い込み式エンジン | 60 |
| 空気流 | 24 |
| 空気力 | 24 |
| 空中衝突防止装置 | 168 |
| 空力 | 18 |
| クラック進展抑制構造 | 123 |
| 迎角 | 30 |
| ケーレー型 | 26 |
| 桁 | 112 |
| ケロシン系 | 78 |
| 後縁 | 112 |
| 高強度アルミニウム合金 | 126 |
| 航空交通管制 | 152 |
| 航空交通管理 | 168 |
| 航空路管制 | 168 |
| 構造 | 18 |
| 後退翼 | 36 |
| 降着装置 | 40 |
| 高バイパス比ターボファンジェットエンジン | 66 |
| 高揚力装置 | 10,40 |

**177**

| | |
|---|---|
| 抗力 ······ 17,24,102 | 層流翼型 ······ 36 |
| 抗力低減 ······ 36 | 束縛渦 ······ 30,38 |
| 抗力パワー ······ 36 | ソニックブーム ······ 172 |
| 固定翼機 ······ 16 | |
| 小骨 ······ 112 | |

## ■■■■ さ 行 ■■■■

## ■■■■ た 行 ■■■■

| | |
|---|---|
| サージ ······ 70 | タービン断熱効率 ······ 72 |
| 材料強度 ······ 120 | タービンブレード ······ 64 |
| シェブロンノズル ······ 94 | ターボジェットエンジン ······ 60,62 |
| 軸流圧縮機 ······ 70 | ターボファンジェットエンジン ······ 62 |
| しみ出し冷却 ······ 82 | ターボプロップエンジン ······ 62 |
| 縦横比 ······ 34 | 対気速度 ······ 148 |
| 収縮流れ ······ 29 | 対地接近警報 ······ 168 |
| 縦通材 ······ 110 | 耐雷性 ······ 128 |
| 重力 ······ 24,102 | 楕円翼 ······ 34 |
| 主翼 ······ 24 | 多桁構造 ······ 112 |
| 主翼のアスペクト比 ······ 38 | ダランベールのパラドックス ······ 32 |
| ジュラルミン ······ 126 | 短周期モード ······ 142 |
| 巡航飛行 ······ 40 | 炭素繊維強化プラスチック ······ 104 |
| 衝撃波 ······ 29,172 | 断面二次極モーメント ······ 106 |
| 昇降舵 ······ 24,114 | 断面二次モーメント ······ 106 |
| 上昇距離SC ······ 40 | チタン合金 ······ 124 |
| 冗長化設計 ······ 20 | チタンベース合金 ······ 88 |
| 衝動型タービン ······ 72 | 超音速機 ······ 14 |
| 推進 ······ 18 | 超音速飛行 ······ 66 |
| 水平尾翼 ······ 24 | 超音速流 ······ 28 |
| 推力 ······ 24,60,102 | 長周期モード ······ 142 |
| スクラムジェットエンジン ······ 98 | 超ジュラルミン ······ 126 |
| ステルス性 ······ 14 | 超々ジュラルミン ······ 64,126 |
| スパイラルモード ······ 142 | 超臨界翼型 ······ 36 |
| スプレーリング ······ 74 | 低バイパス比ターボファンジェットエンジン |
| スペースプレーン ······ 98 | ······ 66 |
| スロッシング ······ 76 | デトネーション ······ 98 |
| 制御 ······ 18 | デラミネーション ······ 128 |
| 静翼 ······ 70 | デルタ翼 ······ 154 |
| セミモノコック構造 ······ 110 | 電気油圧式アクチュエータ ······ 144 |
| 遷音速 ······ 36,52 | 電波高度計 ······ 148 |
| 層間剥離 ······ 128 | 胴体 ······ 26 |
| 造波抗力 ······ 36 | 動翼 ······ 70 |
| | トップコート ······ 86 |
| | トラス構造 ······ 110 |

# 索 引

## な 行

| | |
|---|---|
| 内挿天秤 | 54 |
| 内部冷却法 | 82 |
| 流れの剥離 | 32 |
| 二段燃焼方式 | 94 |
| ニッケルベース合金 | 88 |
| ねじり変形 | 104 |
| 熱遮蔽コーティング | 86 |
| 粘性抗力 | 36 |
| 粘性流れ | 32 |
| 燃料噴射器 | 74 |

## は 行

| | |
|---|---|
| バードストライク | 96 |
| バイパス比 | 90 |
| ハイブリッド慣性航法装置 | 146 |
| 箱型梁 | 112 |
| ハザード解析 | 20 |
| バックアップ冗長構造 | 123 |
| パルス・デトネーション・エンジン | 98 |
| バンク角 | 42 |
| 反動タービン | 72 |
| 引き込み脚 | 10 |
| 比強度 | 120 |
| 飛行場管制 | 168 |
| 比剛性 | 120 |
| ピッチ角 | 44 |
| ピトー管 | 148 |
| 疲労破壊 | 160 |
| ファン騒音 | 94 |
| ファン翼列 | 70 |
| フィードバックループ | 138 |
| フィルム冷却 | 74,82 |
| 風洞 | 54 |
| 風洞流れ | 54 |
| フェアリング部 | 112 |
| フェールセーフ | 122 |
| フラッター | 114 |
| フラップ | 10,40 |

| | |
|---|---|
| フラップ・スポイラー | 114 |
| フレーム | 110 |
| 分割部材組合わせ構造 | 123 |
| 噴射ガス速度 | 60 |
| 分布剪断荷重 | 108 |
| 方向舵 | 114 |
| 膨張波 | 29 |
| 膨張変形 | 104 |
| 保炎器 | 74 |
| 補助翼 | 114 |
| ボンドコート | 86 |

## ま 行

| | |
|---|---|
| マグナス効果 | 30 |
| 曲げ変形 | 104 |
| 摩擦抗力 | 32 |
| マッハ円錐 | 28 |
| マッハコーン | 154 |
| マッハ数M | 28 |
| マッハ波 | 28 |
| 無人航空機 | 10 |
| モノコック構造 | 110 |

## や 行

| | |
|---|---|
| 油圧アクチュエータ | 144 |
| 誘導抗力 | 34 |
| 誘導制御系 | 138 |
| 揚力 | 16,24,102 |
| 揚力傾斜 | 154 |
| 揚力係数 | 30 |
| ヨー角 | 44 |
| ヨー角速度 | 50 |
| ヨーリングモーメント | 50 |
| 翼型 | 30 |
| 翼端渦 | 34,38 |
| 翼断面形状 | 112 |
| 翼胴融合型 | 27 |
| 横滑り | 48,50 |
| 予混合火炎 | 80 |
| 予蒸発希薄燃焼方式 | 94 |

## ら　行

| | |
|---|---|
| ライナー壁 | 84 |
| ラダー | 42 |
| ラバルノズル | 28 |
| ラムジェットエンジン | 66 |
| リスク評価 | 20 |
| リヒート | 92 |
| 離陸安全速度$V_2$ | 40 |
| 離陸滑走距離$S_0$ | 40 |
| ローリングモーメント | 48 |
| ロール角 | 44 |
| ロール角速度 | 50 |
| ロールモード | 142 |
| ロバスト制御設計 | 154 |

## わ　行

| | |
|---|---|
| ワイドカット系 | 78 |

## 数字・欧字

| | |
|---|---|
| ADS-B | 152 |
| Air-Breathing Engine | 60 |
| CFD | 56 |
| CFRP | 88,124 |
| CFRP積層板 | 128 |
| CMC | 88 |
| EHA | 144 |
| FBL | 21 |
| FBW方式 | 21 |
| L/D | 17 |
| LTOサイクル | 95 |
| MIL規格 | 78 |
| PDE | 98 |
| RDE | 98 |
| RQL燃焼器 | 95 |
| tip vortex | 35 |
| trailing vortex | 35 |
| Vガッタ | 74 |

# 参考文献

◎日本機械学会　写真集 流れ　丸善　1984年

◎運輸省航空機事故調査委員会　航空機事故調査報告書　1987年6月19日

◎鳥養鶴雄・久世紳二著　飛行機の構造設計 その理論とメカニズム　社団法人日本航空技術協会　1992年

◎宇宙開発事業団監修　小林繁夫著　宇宙工学概論　丸善　2001年

◎吉田英雄・林稔・則包一成著　航空機用アルミニウム合金開発の最近の動向　軽金属第65巻第9号　2015年

◎日本航空宇宙学会編　航空宇宙工学便覧第3版　丸善　2005年

◎林毅著　軽構造の理論とその応用(上)　財団法人日本科学技術連盟　JUSE出版社

◎新沢順悦・藤原源吉・川島孝幸著　航空機の構造力学　産業図書　1989年

◎小林繁夫著　航空機構造力学　丸善　1992年

◎マイケル C Y ニウ著　土井憲一・巻島守訳　航空機構造設計—機体設計のための実用書　名古屋航空技術　2000年

◎青木隆平・阿部和利・上野誠也・長岡栄・中島陸博・星次郎・李家賢一・渡辺紀徳著　飛行機の百科事典　丸善　2009年

◎佐藤彰洋・松永康夫・吉澤廣喜・高橋耕雲・森信儀　航空ジェットエンジン用熱遮へいコーティングシステムの現状　IHI技報Vol.47No.1　2007-3

◎ANA VISION 2011(2010年4月1日～12月31日)

◎伊藤栄作主席研究員　1700℃級ガスタービン技術に関する事業の概要について　三菱重工株式会社　2010年11月9日

◎三浦信祐著　航空機エンジン用耐熱合金の最近の動向　電気製鋼第83巻1号　2012年

◎日本航空協会　航空と文化(No.107)2013年春季号

◎竹川光弘・倉持将史著　チタンアルミ翼が実現する航空エンジンの軽量化　IHI技報Vol.53No.4　2013年

◎村上務・盛田英夫・及川和喜著　複合材ファンシステム開発　IHI技報Vol.53No.4　2013年

◎JFA　2014JANVAKY NOo.45

◎一般社団法人日本航空宇宙工業会　日本の航空機工業　2016年6月

◎一般社団法人日本航空宇宙工業会　航空宇宙産業データベース　2016年7月

◎運輸安全委員会報告書概要　報告書番号86-5

◎国土交通省ホームページ

## 執筆者紹介

**編著者**

**東野和幸**（ひがしの　かずゆき）　特任教授　工学博士
　室蘭工業大学　航空宇宙機システム研究センター専任
　東北大学大学院工学研究科機械工学専攻博士課程修了
　専門　推進工学

**著者**

**上羽正純**（うえば　まさずみ）博士（工学）
　室蘭工業大学　航空宇宙システム工学コース　教授
　東京大学大学院工学系研究科航空学専門課程
　専門　誘導制御工学、衛星搭載アンテナ指向方向制御、軌道力学、衛星通信

**溝端一秀**（みぞばた　かずひで）博士（工学）
　室蘭工業大学　航空宇宙システム工学コース　准教授
　東京大学大学院工学系研究科航空学専門課程博士課程単位取得退学
　専門　空力設計・飛行力学

**今井良二**（いまい　りょうじ）博士（工学）
　室蘭工業大学　航空宇宙システム工学コース　教授
　大阪大学基礎工学研究科機械工学分野博士前期課程修了
　専門　熱流体工学、宇宙環境利用工学

**廣田光智**（ひろた　みつとも）博士（工学）
　室蘭工業大学　航空宇宙システム工学コース　准教授
　慶應義塾大学大学院理工学研究科機械工学専攻後期博士課程単位取得退学
　専門　燃焼工学

**畠中和明**（はたなか　かずあき）博士（工学）
　室蘭工業大学　航空宇宙システム工学コース　准教授
　室蘭工業大学大学院工学研究科博士後期課程修了
　専門　衝撃波工学

**湊　亮二郎**（みなと　りょうじろう）博士（工学）
　室蘭工業大学　航空宇宙システム工学コース　助教
　東北大学大学院工学研究科航空宇宙工学専攻博士前期課程修了
　専門　ジェット推進工学

**中田大将**（なかた　だいすけ）博士（工学）
　室蘭工業大学　航空宇宙システム工学コース　助教
　東京大学大学院工学系研究科航空宇宙工学専攻博士課程修了
　専門　航空宇宙用エンジン

**樋口　健**（ひぐち　けん）工学博士
　室蘭工業大学　航空宇宙システム工学コース　教授
　東京大学大学院工学系研究科航空学専門課程博士課程修了
　専門　軽量構造・材料力学、宇宙構造物工学

**境　昌宏**（さかい　まさひろ）博士（工学）
　室蘭工業大学　航空宇宙システム工学コース　准教授
　九州大学大学院工学研究科応用力学専攻博士後期課程修了
　専門　材料工学・構造工学

**勝又暢久**（かつまた　のぶひさ）　博士（工学）
　室蘭工業大学　航空宇宙システム工学コース　助教
　早稲田大学大学院創造理工学研究科総合機械工学専攻
　専門　構造・材料工学、宇宙構造物工学

きちんと知りたい！
飛行機メカニズムの基礎知識　　　　　NDC 538

| 2018 年 1 月 30 日　初版 1 刷発行 | （定価は、カバーに |
| 2025 年 6 月 30 日　初版 8 刷発行 | 表示してあります） |

Ⓒ編 著 者　　東　野　和　幸

著　　者　　室蘭工業大学航空宇宙機
　　　　　　システム研究センター

発 行 者　　井　水　治　博

発 行 所　　日 刊 工 業 新 聞 社

東京都中央区日本橋小網町 14-1
（郵便番号　103-8548）

電　　話　書籍編集部　03-5644-7490
　　　　　販売・管理部　03-5644-7403
　　　　　Ｆ Ａ Ｘ　　03-5644-7400

振替口座　00190-2-186076
URL　　　https://pub.nikkan.co.jp/
e-mail　　info_shuppan@nikkan.tech

印刷・製本　　新日本印刷（POD7）

落丁・乱丁本はお取り替えいたします。　　2018 Printed in Japan
ISBN978-4-526-07785-2　C 3053
本書の無断複写は、著作権法上での例外を除き、禁じられています。